Giuseppe Caglioti

Symmetriebrechung und Wahrnehmung

Symmetriebrechung und Lebendigkeit der Haltung
Saqqara, 2500 v. Chr., Ausschnitt aus dem Flachrelief der Mastaba des ägyptischen
Prinzen Pta-hotep

Giuseppe Caglioti

Symmetriebrechung und Wahrnehmung

Beispiele aus der Erfahrungswelt

Aus dem Italienischen übersetzt von Gustav-Adolf Pogatschnigg

Überarbeitet von Maria Rimini

Mit 41 Bildern und 13 Tafeln
und einem Vorwort von Hermann Haken

vieweg

Dieses Buch ist die deutsche Ausgabe von
Giuseppe Caglioti
Simmetria infrante nella scienza e nelle'arte
Copyright © 1983 by Giuseppe Caglioti
Copyright der italienischen Ausgabe: © 1983 clup (cooperativa libraria universitaria
del politecnico), Milano

Anschrift des Autors:
Prof. Dr. Giuseppe Caglioti
Istituto di Ingegneria Nucleare
Centro Studi Nucleari Enrico Fermi – CESNEF
Via Ponzio 34/3
I-20133 Milano

Übersetzung: Dr. Gustav-Adolf Pogatschnigg, Mailand
Überarbeitung: Maria Rimini, Stuttgart
Herausgeber: Prof. Dr. Roman U. Sexl

Der Verlag Vieweg ist ein Unternehmen der Verlagsgruppe Bertelsmann International.
Alle Rechte an der deutschen Ausgabe vorbehalten
© Friedr. Vieweg & Sohn Verlagsgesellschaft mbH, Braunschweig 1990
Softcover reprint of the hardcover 1st edition 1990

Umschlaggestaltung: Schrimpf und Partner, Wiesbaden

ISBN-13: 978-3-322-85048-5   e-ISBN-13: 978-3-322-85047-8
DOI: 10.1007/978-3-322-85047-8

Inhaltsverzeichnis

VI

Vorwort zur deutschen Ausgabe

Dieses Buch nimmt als Ausgangspunkt einen modernen, sich in rascher Entwicklung befindlichen Zweig der Physik, nämlich das Studium der spontanen Entstehung von makroskopischen Strukturen. Es stellt aber diese Entwicklung in einen weit größeren Rahmen, indem es Bezüge zur Bewußtseinsbildung, zur Wahrnehmung und zur Kunst herstellt. Caglioti gelingt es hier in meisterhafter Weise, ganz neue Bezüge aufzustellen, und überrascht uns fast auf jeder Seite mit neuen Perspektiven. Beispiele für derartige Strukturbildungen in Systemen, durch die ständig ein Energiestrom fließt, sind die Lichtquelle Laser oder von unten erhitzte Flüssigkeiten. Caglioti führt den Leser in leicht verständlicher Weise an grundlegende Begriffe dieses neuen Gebietes heran und erläutert so etwa Symmetrie und Symmetriebrechung, Nichtgleichgewichtsphasenübergänge und arbeitet den Zusammenhang zwischen Entropie und Information in sehr klarer Weise heraus. Das Buch wendet sich nicht nur an den Physiker, sondern auch an den wissenschaftlich interessierten Laien. Auch für den Fachmann bietet Caglioti immer neue Einblicke und zeigt, wie die scheinbaren Antipoden Kunst und Wissenschaft in beeindruckender Weise miteinander verknüpft werden können.

Dieses Buch ist eines der faszinierendsten, das ich in den letzten Jahren gelesen habe, und ich bin sicher, daß sowohl der Fachmann auf dem Gebiete der Physik als auch der wissenschaftlich interessierte Laie aus der Lektüre dieses Buches großen Gewinn und Genuß ziehen wird. In einem Punkt stimme ich allerdings mit Caglioti nicht überein: Im Gegensatz zu seiner Meinung ist es nämlich trotz Bemühungen bekannter Gelehrter bislang nicht gelungen, die Strukturbildung in Systemen fern vom thermischen Gleichgewicht mit Hilfe der Thermodynamik zu erklären. Hier hat die Synergetik mit ihren spezifischen Konzepten und mathematischen Methoden die Erklärung geliefert. Da Caglioti aber im Buch die thermodynamische Behandlung nicht verwendet, tun seine Bemerkungen zur Thermodynamik der Darstellung in seinem Buch keinerlei Abbruch.

Wie mir scheint, ist es den Übersetzern gelungen, das Flair der italienischen Originalausgabe in hervorragender Weise wiederzugeben. Entsprechender Dank gilt auch Herrn Gondesen für die Überarbeitung des Manuskripts.

Stuttgart, im Mai 1989   *Hermann Haken*

Für Vincenzo, Maria Clara und Livia

Dank

Zu Dank verpflichtet bin ich Franco Grignani, Meister der bildenden Kunst und des Design, dessen von inneren Spannungen geprägten Werke mich zuerst neugierig gemacht und schließlich dazu gebracht haben, das Abenteuer dieser verfänglichen Erkundung der Struktur und Dynamik des Denkens zu wagen. Großzügig-verschwenderisch im Umgang mit seiner kostbaren Zeit, hat er mich mit seiner Freundschaft ehren wollen, so sehr, daß er mit eigens angefertigten graphischen Arbeiten die Probleme der Mikrophysik und der Synergetik, die ich ihm nach und nach erläutert hatte, künstlerisch interpretiert hat.

Dank schulde ich den Kollegen, Mitarbeitern und Freunden für die Diskussionen, die ich mit ihnen führen durfte und für die kritische Lektüre mancher Kapitel des Manuskripts. Hier möchte ich Emilia Gatti nennen, der die ganze Arbeit prüfte, ebenso P. Bisogno, C. E. Bottani, E. R. Caieniello, S. Carrà und L. Zanzi; und, last but not least, danke ich meinem Bruder Luciano für seinen aufmunternden Zuspruch, meinem Sohn Vincenzo für seinen oft aprioristischen, aber nicht immer unbegründeten Skeptizismus, sowie meinem Vater Vincenzo, für seine strenge, aber konstruktive und eindringliche Kritik.

Die Strenge der Kontrollen hat dazu beigetragen, die Zahl der Mängel weitgehend zu verringern, wenn auch sicher nicht gänzlich. Natürlich liegt für die verbleibenden Fehler alle Verantwortung bei mir selbst.

Ein sehr herzlicher Dank gebührt Carla Cattaneo, die mit Hartnäckigkeit, Entschlossenheit, Genauigkeit und Zuverlässigkeit die Redaktion des Manuskripts und der Bibliographie betreut hat. Die Arbeiten zu diesem Buch hätten nicht zu Ende geführt werden können, wenn nicht die Hona Foundation, Tokyo, die hier behandelten Aspekte in die Programme der Internationalen Symposien „*Discoveries*" in Rom (1977), Paris (1978) und St. Paul de Vence (1981) aufgenommen hätte.

Schließlich möchte ich noch der Maria-Giussani-Bernasconi-Stiftung in Varese danken, die mir großzügigerweise einen Beitrag zu den Kosten für die Veröffentlichung der vorliegenden Arbeit gewährt hatte, welche als Grundlage für geplante Veranstaltungen in der Städtischen Bibliothek von Varese dienen sollte.

Einleitung

„Wenn die Formen, die eigentlich schwerelos sein sollten,
schwer werden, und das heißt: schwer für uns im psychologi-
schen Sinn; wenn an die Stelle der Bild-Form der Überra-
schungseffekt tritt (und dies findet sich – mehr oder weniger
ausgeprägt – fast überall in der im übrigen gewiß schätzens-
werten Kunst des Barock); wenn die Form überwiegend
Technik und Stilisierungswille wird – dann ist der Barock
nicht mehr nur eine historische Stilrichtung oder einfach die
Konstante eines bestimmten Geschmacks, sondern ein ver-
dorbener Manierismus, der niemals eine vollständige Rehabi-
litierung erfahren wird."

Eugenio Montale, 1945

„Wir können unsere Meßwerte auf wenige Prozent genau erklären."
Mit diesen Worten schloß Edoardo Amaldi seinen einführenden
Vortrag über die Untersuchung der Gravitationswellen anläßlich
der Eröffnungsfeier zu einer Tagung, die die italienische Physikge-
sellschaft in der Villa Olmo zum 150. Todestag von Alessandro
Volta organisiert hatte. Diese Worte charakterisieren auf eindrucks-
volle Weise das Genauigkeitsniveau, das durch die galileische experimentelle Methode für die Erklärung und das Verständnis physikalischer Phänomene erreicht wurde.

Außerhalb der Forschungslaboratorien jedenfalls – in den alltäg-
lichen Beziehungen mit unseren Nächsten und den natürlichen
Strukturen – sehen wir nur selten die Grenzen der Strenge und der
Genauigkeit erreicht, welche die Physiker mit Stolz erfüllen. Einmal
in der Rolle des Zuschauers, das andere Mal in der des Protagoni-
sten, manchmal in beiden Rollen zugleich, erlebt jeder von uns Er-

eignisse, deren Verlauf unvorhersehbar und ungewiß ist. Die wenigen Fälle außerhalb des wissenschaftlichen Bereichs, in denen es möglich ist, mit unwiderruflichen und verbindlichen Behauptungen der oben zitierten Art abzuschließen, beziehen sich in den meisten Fällen auf Situationen, die praktisch ohne Belang sind. Das Bedürfnis, zu verstehen, und der Wunsch, Voraussagen zu treffen, ist uns allen gemeinsam – beides bleibt im allgemeinen unbefriedigt.

Die Beziehung zwischen dem Menschen und der Natur wird vom Denken beherrscht. Von der Zeit des Höhlenmenschen an sind wir bis heute gänzlich in dieser Beziehung aufgegangen. Sie ist derart komplex, daß man bei ihrer Analyse riskiert, in Banalitäten abzugleiten, oder zu jenen zu zählen, die – wie Galilei sagen würde – „schreiben, was sie nicht verstehen, ohne daß man verstünde, was sie schreiben". Jeder interpretiert diese Beziehung auf seine Art, je nach Charakter oder Bildung: einmal mit großer Gefühlsbewegung die religiösen, künstlerischen und dichterischen Aspekte hervorhebend, das andere Mal auf der Basis der Rationalität die philosophischen, politischen, sozialen und wissenschaftlichen Komponenten jener Beziehung interpretierend.

Es erhebt sich also die Frage, ob es mit Hilfe der aktuellen wissenschaftlichen Erkenntnisse möglich ist, den einen oder anderen vereinheitlichenden Faktor auszumachen, der es erlauben würde, ein Verständnis der geistig-kulturellen Beziehungen des Menschen zur Natur zu erarbeiten, ein Verständnis, in das sowohl die gefühlsmäßigen wie auch die rationalen Elemente einfließen, die Teil jener Beziehung sind. – Ziel dieser Arbeit ist es, eine Antwort auf diese Frage zu finden. Wir wollen nun einige Ergebnisse vorwegnehmen.

Vereinheitlichende Faktoren können aus dem Studium des Wahrnehmungsprozesses hervorgehen. Während dieses Prozesses organisieren sich die anfänglich ungeordneten Sinnesreize, indem sie innerhalb kohärenter Schemata korrelieren, die dann zu Gedanken werden. Die Dynamik der Wahrnehmung scheint die Symmetrie, die Erhaltung, die Entropie, die Ordnung und die Information als vereinheitlichende Faktoren zu beinhalten.

Nun aber gehören diese Faktoren ihrerseits wiederum ins Reich der Physik. Sie spielen nämlich sowohl bei der experimentellen Beobachtung der Struktur und der Eigenschaften von natürlichen Systemen als auch bei der Klassifizierung und Beschreibung der strukturellen Veränderungen dieser Systeme eine Rolle. Dementsprechend scheinen gewisse Analogien zwischen dem Wahrnehmungsprozeß einerseits und der experimentellen Beobachtung und Evolution von natürlichen, physikalisch-chemischen Systemen andererseits zu existieren.

Ich bemerkte die Existenz dieser Analogien vor ein paar Jahren anläßlich einer Ausstellung von Franco Grignani „Methodologie der Wahrnehmung".

Beruflich mit spektroskopischen Untersuchungen zur Dynamik von Festkörpern beschäftigt, beeindruckte mich die Reproduzierbarkeit und Periodizität des Wahrnehmungsprozesses einiger der „psychoplastischen Strukturen" Grignanis und gleichzeitig auch die Heftigkeit der Empfindungen, die mit der Wahrnehmung genannter Strukturen einhergehen. Man betrachte zum Beispiel Tafel I.[1] Ein erheblicher Teil dieser Arbeit ist der Analyse der „einfachsten" unter diesen nicht konkretisierbaren Strukturen gewidmet. Neugierig gemacht von den Analogien zwischen der Wahrnehmung dieser Strukturen und dem dynamischen Verhalten einiger recht gut erforschter physikalisch-chemischer Systeme, habe ich mich entschlossen, diese Fragestellungen zu behandeln. Bei dieser Arbeit haben sich die Methoden der Spektroskopie und der Synergetik als äußerst nützlich erwiesen (vgl. auch den Exkurs zum Kapitel 1).

Wie schon erwähnt, spielt im Verhältnis zwischen dem Menschen und der Natur der Gedanke und – an allererster Stelle – die Wahrnehmung eine vorrangige Rolle.

---

[1] Ich schicke voraus, daß es mehrerer Minuten bedarf, um den ganzen Wahrnehmungszyklus für dieses Bild zu durchlaufen. Zu Beginn erscheint uns die Graphik als zweidimensionale geometrische Zeichnung. Ab einem gewissen Punkt jedoch, wenn sich der Beobachter ausreichend darauf konzentriert, die einzelnen Elemente der Zeichnung aufeinander zu beziehen, erscheinen diese unvermittelt als eine Art dreidimensionales Netzwerk, durch welches ein intensiver Lichtstrom hervortritt. Jeder noch so angestrengte Versuch, das dreidimensionale Schema – das wir „Photophanie" nennen könnten – länger als ein paar Augenblicke festzuhalten, schlägt fehl. Der kompakte Lichtstrahl scheint sich so rasch, wie er aufgetreten war, zu verflüchtigen und macht dem urspünglichen zweidimensionalen Schema Platz. Nach einer neuerlichen Konzentrationsanstrengung wiederholt sich der Zyklus.

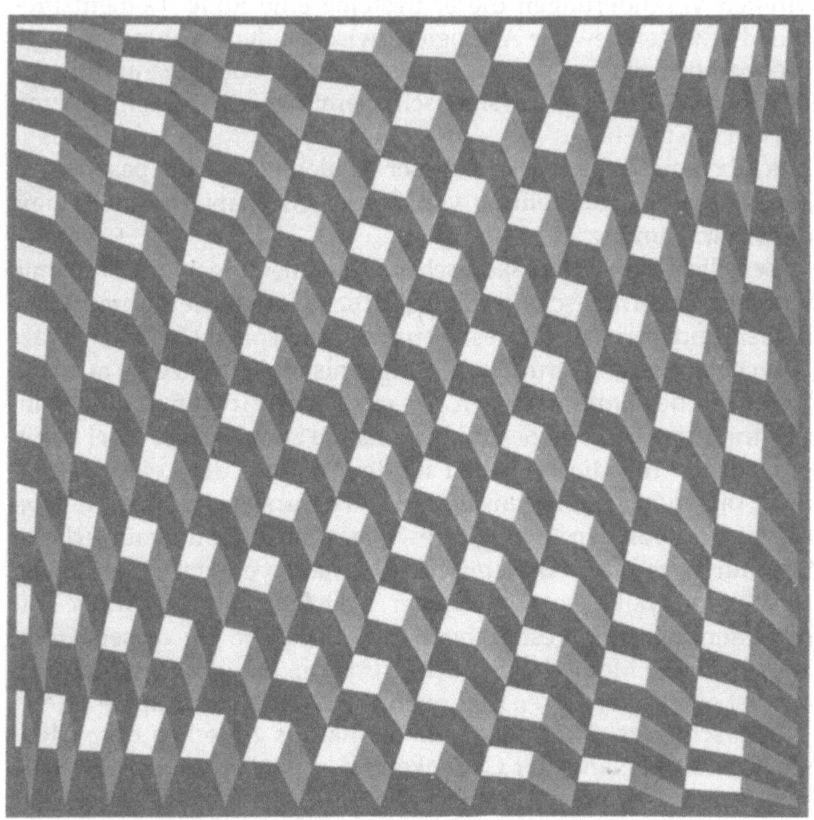

Tafel I F. Grignani, *Permutazione plastica nel campo* (Plastische Permutation im Feld). 70 cm × 70 cm, 1959.

Nach einigen Minuten scheint sich die vom Betrachter verinnerlichte zweidimensionale geometrische Struktur in einen Zustand dynamischer Instabilität zu begeben. Die einzelnen graphischen Elemente, in der ersten Phase des Wahrnehmungsprozesses untereinander korreliert, strukturieren sich unter den Augen des Beobachters, um sich dann unvermittelt in eine Art von dreidimensionalem Netzwerk anzuordnen, durch welches ein intensiver Lichtstrom hervorzutreten scheint. Die Beständigkeit des dreidimensionalen Bildes ist jedoch nur von flüchtiger Dauer. Nach einigen Zehntelsekunden vollzieht sich, ebenso plötzlich, eine Permutation in umgekehrter Richtung, und das unvermeidliche Nachlassen der Konzentration beim Beobachter bewirkt die Wiederherstellung des anfänglichen zweidimensionalen Schemas. Um die dynamische Instabilität (bzw. die „plastische Permutation") auszulösen, bedarf es einer entsprechenden *Kontrolle* der Sinnesreize – das heißt einer intensiven, andauern-

4

Der Übergang Unordnung → Ordnung, der die Sinnesreize im
Verlauf des Wahrnehmungsprozesses zum Gedanken werden läßt,
weist Analogien mit den Phasenübergängen zweiter Ordnung
chemisch-physikalischer Systeme und mit den dynamischen Instabilitäten der Synergetik auf. Diese Analogien machen sich für uns
Erwachsene (die wir schon lange die Mühen des Wahrnehmens in
der frühesten Kindheit vergessen haben) gerade im Moment der
Wahrnehmung einer bestimmten Klasse von Strukturen lebhaft be-
merkbar, nämlich der Klasse der zentralsymmetrischen doppeldeutigen (ambigen) Strukturen. Die Wahrnehmung solcher Figuren
eignet sich gut für eine Analyse der Entstehung bildhaften Denkens.

Emotional in diesen Vorgang einbezogen, haben wir durch das
dynamische Wahrnehmen dieser Figuren die Möglichkeit, das
Wesen der elementaren Prozesse zu erfassen, die vom chaotischen
Wirrwarr der Sinnesreize zum Auftreten des geordneten Gedankens führen.

Die Analyse der Wahrnehmungsmechanismen, die vom Beobachten zum Denken überleiten, kann mittels Analogiebildung parallel zur Untersuchung der obengenannten vereinheitlichenden Faktoren vorangetrieben werden, wobei Fragestellungen aus der Quantenmechanik und der Synergetik nicht vergessen werden dürfen:
chemische Bindung, Aufbau der Materie, Kristallographie, Spektroskopie, Phänomene des Zusammenwirkens, dynamische Instabilitäten sowie Symmetriebrechungen und Selbstorganisation der dissipativen Strukturen im Nichtgleichgewicht. Zu den letzteren zählt
man heutzutage im allgemeinen auch die biologischen, ökonomi-
schen und sozialen Systeme – alle Systeme also, in denen aus Chaos
Ordnung entstehen kann. Schließlich fügt sich die Zielsetzung

den *Beobachtungs*anstrengung, *mit dem Ziel*, die von der verinnerlichten Gestalt ausgelösten Sinnesreize in Form von kohärenten Schemata im Gedächtnis *zu speichern*. Es
kann sich aber herausstellen, daß diese Anstrengung nicht genügt, die Sinnesreize
daran zu hindern, sich der Speicherung im Gedächtnis zu entziehen. Für diesen Fall
kann man die Graphik wechselseitig um fast ± 90° um eine horizontale Achse, die
parallel zur Verbindungslinie zwischen den zwei Pupillen liegt, drehen und dann die
Graphik zuerst schräg, dann von vorne, anschließend wieder schräg usw. betrachten.
Sollte dies ohne Erfolg bleiben, kann der Betrachter sich an den einfacheren Gra-
phiken in diesem Buch üben, um danach zu dieser Abbildung zurückzukehren.

dieses Buches auf natürliche Weise in die von Prigogine und seiner
Schule in den letzten Jahren vorangetrieben Erneuerung der Wis-
senschaftsphilosophie ein:

> „Heute treten die Grenzen dessen, was wir die Galileische Ide-
> alisierung der Natur nennen können, im Innern der Physik
> selbst auf, und die Notwendigkeit einer Beschreibung der
> Wirklichkeit, die in kohärenter Weise zwei grundlegende
> Wahrheiten vereint – jede Beschreibung der Natur ist Werk
> des Menschen, und der Mensch, der diese Beschreibung her-
> vorbringt, ist selbst Werk der Natur – wird uns von der inne-
> ren Entwicklung der Wissenschaft auferlegt.
> Die Erweiterung der wissenschaftlichen Theorie, auf die die
> aktuellen Fortschritte der Physik hindrängen, erlaubt es, das
> Ziel des 18. Jahrhunderts einer vereinheitlichten, sowohl Tech-
> nologie wie auch Naturphilosophie umfassenden Wissen-
> schaft auf neuer Grundlage wiederaufzunehmen. Dies gibt
> uns Anlaß zur Hoffnung, den Gegensatz zwischen den ‚zwei
> Kulturen‘, die heute das westliche Denken belasten, verringert
> zu sehen." (Prigogine und Stengers, 1977)

Meine Arbeit zielt darauf ab, Kriterien zu umreißen, die die
„Schnittstelle" zwischen den Natur- und den Geisteswissenschaften
durchlässiger machen könnten. Analogien oder Korrelationen vorzuschlagen zwischen Phänomenen, die diese beiden Bereiche der
Kultur kennzeichnen, führt jedoch zum Gebrauch von Wörtern und
Begriffen, die – aus dem wissenschaftlichen auf den humanistischen
Bereich übertragen – oft fast notwendigerweise ungenau benützt
werden oder sogar ihre ursprüngliche Bedeutung verlieren.
„Nomina nuda tenemus", behauptet Umberto Eco, wir verwalten
nackte Wörter. Und wir sind sehr stolz auf diese unsere Funktion
und achten sehr darauf, daß ein jeder sie im jeweils spezifischen
Kompetenzbereich auf die strengste Weise erfülle.

Es ist also gefährlich, die Grenze der Anwendungsbereiche der
Wissenschaftssprache und der Resultate der experimentellen Methode zu überschreiten. Mein in der Tradition des 18. Jahrhunderts
wurzelnder Versuch setzt mich daher der Kritik seitens der Freunde
und Kollegen sowohl aus der wissenschaftlichen wie aus der huma-

nistischen Welt aus: Bei dieser Grenzüberschreitung werden sich die einen veranlaßt fühlen, Ungenauigkeit und Gedankenlosigkeit feststellen zu müssen, die anderen Besserwisserei und Aufdringlichkeit. Ich bitte schon jetzt dafür um Verzeihung.

Das Buch gliedert sich in sechs Kapitel. Auf die Einleitung in der Ziel und Methodologie der Untersuchung umrissen werden, folgt ein kurzes, einführendes Kapitel, in dem, ohne auf Einzelheiten einzugehen, ein genereller Abriß der diskutierten Probleme gegeben wird. Entropie und Information, Symmetrie und Ordnung werden als vereinheitlichende Faktoren für das Verständnis der Beziehung zwischen Mensch und Natur vorgeschlagen, eine Beziehung, die vom Erhaltungstrieb kontrolliert und von Widersprüchen, die in die Doppeldeutigkeit münden, bereichert oder gestört wird.

Das zweite Kapitel ist den natürlichen Strukturen gewidmet. Solche Strukturen setzen sich nach den Gesetzen der Quantentheorie aus Atomen zusammen. Die Atome befinden sich in der Nähe des thermodynamischen Gleichgewichts oder können mittels äußerer Anregung aus dem Gleichgewicht gebracht werden. In diesem Kapitel wird das quantenmechanische Atommodell vorgestellt, und es werden die Bindungsmechanismen der Atome in den Molekülen untersucht. Vor allem wird die Bildung der kovalenten chemischen Bindung zwischen zwei Atomen in einem Molekül durch den Rückgriff auf doppeldeutige bildhafte Strukturen verdeutlicht. In der dynamischen Wahrnehmung der typischen Doppeldeutigkeit (Ambiguität) dieser „unentscheidbaren", aber nicht notwendigerweise unwirklichen Strukturen erfassen wir unmittelbar die resonante Natur der chemischen Bindung wie auch den ursprünglichen Informationsbegriff bzw. die Informationseinheit, das bit. Um die Lektüre des Kapitels zu erleichtern, wird eine kurze einführende Übersicht über das quantenmechanische Atommodell im Anhang I gegeben.

Das dritte Kapitel, vervollständigt durch Anhang II, behandelt die Symmetrie und die Symmetriebrechung. Im Zusammentreffen dieser Begriffe, die gleichermaßen der Wissenschaft, der Wahrnehmung und der Kunst angehören, bildet sich ein Konflikt heraus, der ein weiteres Mal auf dynamische Art in der Doppeldeutigkeit hervortritt. So liefert beispielsweise die Symmetriebrechung, die bei spektroskopischen Experimenten mit Wasserstoff- oder Ammoniakmolekülen durch das angelegte elektromagnetische Feld ausgelöst wird, und die Dynamik, die diesen Vorgang begleitet, nützliche Bezugspunkte für eine Annäherung an das Verständnis der Wahrnehmungsmechanismen doppeldeutiger Strukturen.

Das vierte Kapitel widmet sich der Entropie und der Information. Es enthält eine Darstellung des ersten und des zweiten Hauptsatzes der Thermodynamik und der Beziehungen zwischen Entropie in der Physik und der Informationstheorie. Diese Beziehungen scheinen hilfreich zu sein bei der Untersuchung der Struktur physikalisch-chemischer Systeme wie etwa der binären Legierungen. Diese Analyse, im Anhang III durchgeführt, wird im folgenden auf sehr viel komplexere Systeme wie die natürliche Sprache, die Sprache der Musik und der Genetik erweitert.

Das fünfte Kapitel behandelt das Problem der Dynamik bei der Wahrnehmung von doppeldeutigen Strukturen und die Frage der Entstehung des bildhaften Denkens. Auf der Grundlage der in den vorangegangenen Kapiteln aufgestellten Überlegungen wird dann ein phänomenologisches Modell des Wahrnehmungsprozesses vorgeschlagen. Im weiteren wird ein Kriterium aufgestellt, das es erlauben soll, die in der Physik eingeführten Definitionen der Symmetrie und der Symmetriebrechung auf die Dichtung, die bildenden Künste und die Musik auszudehnen.

Die wesentlichen Ergebnisse dieser Untersuchung werden im sechsten Kapitel zusammengefaßt. Dieses ist so kompakt, daß es recht schwierig wäre, auch davon eine Inhaltsangabe zu geben.

Der Weg zur Hölle ist mit guten Vorsätzen gepflastert. In der Absicht, etwaigen an mich ergehenden Aufforderungen zur Begehung dieses Weges vorzubeugen, habe ich noch schnell ein Glossar verfaßt. Vor allem für die Leserinnen und Leser mit geisteswissenschaftlichem Hintergrund gedacht, könnte sich diese Frucht der guten Vorsätze – verabreicht in kleinen Dosen – auch für die jüngeren Leserinnen und Leser zu Beginn ihrer naturwissenschaftlichen Ausbildung als nützlich erweisen. In jedem Fall ist das Glossar für alle gleichermaßen unschädlich.

Meine Vorbemerkungen abschließend, möchte ich mir erlauben, einen Appell an all jene zu richten, die bereits jetzt – obschon nunmehr im Besitz des Buchs – beabsichtigen, die Lektüre desselben auf unbestimmte Zeit zu vertagen: Bevor Sie es zuklappen und endgültig in die rechte obere Ecke des Bücherregals stellen, sollten Sie

8

wenigstens den einen oder anderen der vier Exkurse lesen: Dort
werden auf einfache Weise und anhand von Beispielen, die in
dieser Vorbemerkung und dann im Rahmen der Kapitel 1, 2 und 5
(zu denen die Exkurse jeweils gehören) entwickelten Begriffe und
Konzepte erläutert.

Die Exkurse selbst sind dem Manuskript erst am Schluß beige-
fügt worden, sollten aber zur Einführung gelesen werden.

Exkurs
Die Synergetik

„Alle stellen sich auf die Zehenspitzen und drehen sich nach
der Seite, von der aus das unerwartete Eintreffen [des Statt-
halters Ferrer; Anm. d. Übersetzer] gemeldet worden ist. Da
sich alle hochreckten, sahen sie nicht mehr oder weniger, als
wenn sie alle ruhig stehen geblieben wären. Doch so geht's:
alle reckten sich hoch. (...) Da nun jedoch die Masse, welche
die Übermacht auf ihrer Seite hat, diese geben kann, wem sie
will, bietet jede der beiden aktiven Gruppen ihre ganze Kunst
auf, um sie auf ihre Seite zu ziehen, um sich ihrer zu bemäch-
tigen. Es sind gleichsam zwei feindliche Seelen, die miteinander kämpfen, um in diesen Körper einzudringen und ihn in
Bewegung zu bringen. Um die Wette setzen sie Gerüchte in
Umlauf, die geeignet sind, die Leidenschaften aufzustacheln
und die Bewegungen zugunsten der einen oder der anderen
Absicht zu lenken. Um die Wette bringen sie zugkräftige Pa-
rolen auf, um Empörung hervorzurufen oder zu dämpfen,
Hoffnung oder Furcht zu erwecken. Um die Wette erproben
sie, welche Losung durch beständige laute Wiederholung die
Meinung der Mehrheit zugunsten der einen oder der anderen
Seite bekundet, bekräftigt und schafft."

Alessandro Manzoni
(aus: Die Verlobten; dtv, 1985; S. 312 und 314)

Die *Synergetik* oder die *Lehre vom Zusammenwirken* ist ein interdiszi-
plinäres Fach, das sich eine Synthese der gesamten wissenschaftlichen Tätigkeiten zum Ziel gesetzt hat.

Vor mehr als zehn Jahren hat Hermann Haken mit einer Reihe
von Tagungen und Veröffentlichungen zur Synergetik den Anfang
gemacht und damit diesen „antiken Neologismus" geprägt. Heute
haben fast alle Physiker jenes Mißtrauen abgelegt, mit dem man in-

nerhalb eines bestimmten geistig-kulturellen Ambiente demjenigen zu begegnen pflegt, das sich unter seinem neuen Namen vorstellt.

Die Synergetik befaßt sich mit den Stabilitätsbedingungen, der dynamischen Entwicklung und der Natur der Instabilität, die in komplexen, aus dem Gleichgewicht gebrachten Systemen vorkommen können.

Am Beginn des fünften Kapitels werden wir eine an der Synergetik orientierte qualitative Analyse jener Mechanismen des Zusammenwirkens vorschlagen, die aus einem anfänglich ungeordneten Applaus am Ende eines Konzerts einen gleichmäßigen, also geordneten Rhythmus entstehen lassen:

> „Dadurch angeregt treten die Elemente der genannten Systeme – Atome, Moleküle, Zellen, Sinnesreize, Tiere und im Grenzfall Menschen – auf nichtlineare Weise miteinander in Wechselwirkung und entdecken, probieren, vergleichen und sichten so die möglichen, untereinander konkurrierenden kollektiven Verhaltensweisen der Struktur. Dies alles bis zu jenem Punkt, an dem mit dem Anwachsen der äußeren Einwirkungen der kritische Moment der Entscheidung herangereift ist. Und nun genügt schon eine minimale Anstrengung, um alles aus dem Gleichgewicht zu bringen, eine Schwankung, und die Katastrophe ist da: Die Symmetrie des Systems zerbricht, und eine wohl bestimmte, kollektive Verhaltensweise beherrscht dynamisch die anderen.
> Es kommt folglich zu einer Mutation des Darwinschen Typs, in deren Verlauf sich die Struktur selbstorganisiert, indem sie die getroffene Auswahl kollektiv stabilisiert. Aufrechterhalten von der *Kooperation zwischen den wechselwirkenden Funktionseinheiten*, versklavt der nunmehr kollektive Modus eben diese Funktionseinheiten, und indem er sich auf Kosten der übrigen möglichen Modi vergrößert, geht er schließlich als makroskopischer Ordnungsparameter, als charakteristischer ‚Ordner‘ des makroskopischen Strukturverhaltens siegreich aus dem internen *Wettstreit* hervor." (Haken, 1981)

Damit jedoch diese Mechanismen sich selbst stimulieren und zur Wirkung kommen können, ist es notwendig, daß der Kontrollparameter des Systems, d. h. hier die Begeisterung des Publikums und der allgemeine Wunsch nach einer Zugabe, eine bestimmte Schwelle überschreitet.

Formen von Ordnung als Resultat des Zusammenwirkens verschiedener Elemente lassen sich zum Beispiel auch im Flattern einer Fahne feststellen (auch in diesem Fall ist es erforderlich, daß die Windgeschwindigkeit in der Rolle des Kontrollparameters eine bestimmte Stärke überschreitet), in den Streifenmustern von Wolkenbildungen oder im Wüstensand, im Geräusch eines zerbrechenden Glases, in der räumlichen und zeitlichen Periodizität der Konzentration von Stoffen, die durch autokatalytische Reaktionen hergestellt werden, oder auch in der Dynamik der Strudelbildungen in einem Fluß. Ganz zu schweigen vom koordinierten Wegschwimmen eines Fischschwarms beim Auftauchen eines Raubfisches, vom Konformismus der Menschenmenge bei Manzoni, von der Entstehung des bildhaften Denkens oder des Etablierungsprozesses politischer Meinungen; oder wenn wir an etwas ferner liegende Aspekte denken, wie etwa die Launen der Mode, die Entstehung und die Entwicklung von Großstadtkomplexen und sogar die funktionale Ordnung, die den Erscheinungen des Lebens zugrunde liegt.

Alles in allem erlauben es die Methoden der Synergetik – die im übrigen die Methoden der nichtlinearen Physik der kooperativen Phänomene sind – mit Hilfe weniger mathematischer Modelle eine große Anzahl von Erscheinungen zu interpretieren, die jeweils in voneinander völlig verschiedenen Systemen auftreten.

So beschreibt zum Beispiel dasselbe System nichtlinearer Differentialgleichungen sowohl die dynamische Instabilität, die zur Bildung der räumlich-zeitlichen Kohärenz im elektromagnetischen Feld eines Lasers führt, als auch die dynamische Instabilität, die der geordneten Konvektion in einer von unten erhitzten Flüssigkeit vorangeht.

Im allgemeinen sind die Schwierigkeiten bekannt, die es zu überwinden gilt, wenn man das mathematische Modell eines bestimmten aus dem Gleichgewichtszustand gebrachten Systems formulieren und die nichtlinearen Differentialgleichungen lösen will, die das Verhalten und die Instabilität eben dieses Systems beschreiben. Es wäre wünschenswert, daß das mathematische Studium der nichtlinearen Phänomene, möglicherweise im Hinblick auf die Entwicklung geeigneter und brauchbarer Algorithmen, schon in der nächsten Zukunft eine noch größere Anzahl von Forschern als bisher beschäftige.

Glücklicherweise kann jedoch die Entstehung des Gedankens (zum Beispiel des bildhaften Denkens) im Moment der Wahrnehmung zu jenen dynamischen Instabilitäten gerechnet werden, die sich unter synergetischen Gesichtspunkten erforschen lassen. Daher kann die Erfahrung des Wahrnehmungsprozesses – und sei es auch nur auf der Ebene der sinnlichen Wahrnehmung – eine verhältnismäßig getreue Einsicht in die Prozesse vermitteln, die in ganz verschiedenartigen Systemen zur Bildung von geordneten Strukturen führen, sobald diese aus ihrem Gleichgewichtszustand gebracht werden.

Kapitel 1
Zur Doppeldeutigkeit der geistig-kulturellen Beziehungen zwischen den Menschen und den natürlichen Strukturen

Die Beziehung Mensch-Natur ist einerseits vom Erhaltungstrieb charakterisiert, der den Handlungen und Äußerungen aller Lebewesen innewohnt, und andererseits von den kontinuierlichen Veränderungen, die in allen natürlichen Strukturen stattfinden. Πάντα ρεῖ (transkribiert: panta rhei), alles fließt, schrieb Heraklit vor zweieinhalb Jahrtausenden: Und diese beiden Worte bleiben bestehen, aneinandergefügt, gerade so, als wollten sie in ununterbrochenem Gleichmaß den Takt der Zeit und der Veränderungen, die sie hervorbringt, schlagen. Der Konflikt zwischen Erhaltung und Veränderung löst sich dynamisch in jenem „panta rhei" auf, in einem Ausdruck voller Doppeldeutigkeit. Tatsächlich fließt alles; fest steht jedoch die Tatsache, daß alles fließt. Wir können es feststellen, wenn wir das immergleiche Strömen des Flusses betrachten, das unberührt bleibt vom Fluß der Zeit, oder die Brandung, immer andersartig in ihrem regelmäßigen, beharrlichen Rhythmus.

Bewußt oder instinktiv gehen wir alle auf die Suche nach dem, was in der Veränderung erhalten bleibt. Was aber bleibt gleich, während es sich verändert? Die *Symmetrie*, würde ein Physiker antworten im Gedanken daran, was in der Umwandlung unverändert bleibt und vor allem im Hinblick auf die Erhaltungsgrößen der Strukturen im Bereich des thermodynamischen Gleichgewichts, mit denen zu experimentieren er gewohnt ist. Die *Information* oder die *Ordnung*, würde ein Biophysiker antworten, der das Leben als ein „System der Verarbeitung von Informationen auffaßt, als eine strukturelle Hierarchie von Funktionseinheiten – ein System, das im Verlauf der Evolution jene Kapazität der Speicherung und Verarbeitung von Information erworben hat, die für eine präzise Selbstreproduktion erforderlich ist." (Gatlin, 1972)

Man glaubt allgemein, daß Symmetrie und Ordnung einander äquivalente Eigenschaften von Strukturen darstellen. Dies ist jedoch ein Irrtum. So gebraucht zum Beispiel Arnheim in seinem Essay über Entropie und Kunst (1974) den Terminus „Ordnung" als „objektive Beschreibung der einfachsten, gleichmäßigsten und symmetrischsten Form". Die ungenaue Korrelation, die so zwischen Ordnung, Einfachheit und Symmetrie eingeführt wird, trägt meines Erachtens zu jener „babylonischen Verwirrung" bei, über die sich der Autor selbst mit dem Ausruf beschwert, daß „irgendjemand oder irgendetwas unsere Sprache verwirrt" habe. Man kann mit Arnheim darin übereinstimmen, daß es zwischen Ordnung und Einfachheit eine Verwandtschaft gibt; nicht zustimmen kann man jedoch der Gleichsetzung von Ordnung und Symmetrie (siehe den Exkurs zum Kapitel 1). Symmetrie kann vielmehr als *Invarianz gegenüber Transformation* definiert werden, die aus der Unmöglichkeit hervorgeht, bestimmte Transformationen wahrzunehmen bzw. aus der „Unmöglichkeit, bestimmte charakteristische Größen" natürlicher Strukturen zu messen (Lee, 1968).

Umgekehrt liefert die Ordnung einen *Maßstab für die beobachtbaren Korrelationen in der Anordnung, der Reihenfolge und der Dynamik der Struktureinheiten selbst.*

Daher weit entfernt davon, miteinander identisch zu sein, können Symmetrie und Ordnung sogar als gegensätzlich aufgefaßt werden. So schreiben etwa Landau und Lifshitz (1967):

> „Für den größten Teil der Phasenübergänge zweiter Ordnung gilt, daß die symmetrischste Phase der höchsten Temperatur und die am wenigsten symmetrische Phase der niedrigsten Temperatur entspricht. Das heißt insbesondere, daß ein Übergang zweiter Ordnung von einem geordneten zu einem ungeordneten Zustand im allgemeinen als Folge einer Erhöhung der Temperatur stattfindet."

Ebenso Shubnikov und Koptsik (1974), die anmerken, daß

> „... sich die Symmetrie als Zustandsfunktion eines isolierten Systems entsprechend dessen Entropie verhält. Die maximale Symmetrie (...) wird mit dem Gleichgewichtszustand des Systems erreicht."

Der Gleichgewichtszustand ist – wie wir im nächsten Kapitel sehen werden – auch jener Zustand, in dem die Entropie, also die Unordnung, maximal ist. Überdies stellt auch Glansdorff warnend fest, daß

> „l'existence de [semblables] sources d'ordre n'est nullement en contradiction avec le second principe de la thermodynamique, en dépit de sa dénomination de principe de dégradation de l'énergie. Il suffit, en effet, de rappeler que cette qualification associée à la propriété de croissance de l'entropie, n'est justifiée que pour l'ensemble des systèmes isolés. Elle ne s'étend aux évolutions sous contraintes, ni dans le cas des systémes fermés, ni dans celui des systèmes ouverts, c'est-à-dire pouvant échanger de la matière avec le milieu ambiant."

Es verwundert also nicht weiter, daß sich der anfängliche semantische Irrtum Arnheims in gefährlicher Weise fortpflanzt, denn die Gleichsetzung von Symmetrie und Ordnung führt letztlich – thermodynamisch betrachtet – zu einem Vorzeichenwechsel des Ordnungsbegriffs in den Beziehungen zwischen Entropie und Kunst.

Die Entropie ist eine charakteristische Funktion des thermodynamischen Zustands eines Systems. Als solche stellt sie auch einen Maßstab bereit für die Veränderungen, denen ein System im Verlauf seiner Entwicklung unterworfen war. Im „panta rhei", im Zusammenfließen von Entropie (oder Veränderung) und Erhaltung spürt man demnach die Koexistenz zweier miteinander unvereinbarer Aspekte ein und derselben Wirklichkeit. Man spürt also Doppeldeutigkeit. Die Doppeldeutigkeit aber offenbart sich auch im Zusammenfließen von Symmetrie (oder Ununterscheidbarkeit) einerseits und Information (oder Beseitigung von Ungewißheit) andererseits, bis zu jenem Punkt, wo sie in das Verhalten der natürlichen Strukturen und in das kulturelle Verhältnis des Menschen zu diesen eindringt.

Entropie und *Erhaltung, Information* und *Ordnung, Symmetrie* und *Doppeldeutigkeit*: Mit diesen Stichworten sind Begriffe verbunden, die eine vereinheitlichende Rolle bei der Interpretation des vielschichtigen Verhältnisses zwischen Mensch und Natur spielen. Die zwischen diesen Elementen vorgeschlagenen Verknüpfungen können dem Schema von Bild 1 entnommen werden. Die natürlichen Strukturen sind darin in zwei Gruppen eingeteilt:

1. Die Strukturen im Bereich des thermodynamischen Gleichgewichts. Die spontane Entwicklung dieser Strukturen geht einher mit Desorganisation, Unordnung, Inkohärenz, Ungewißheit und

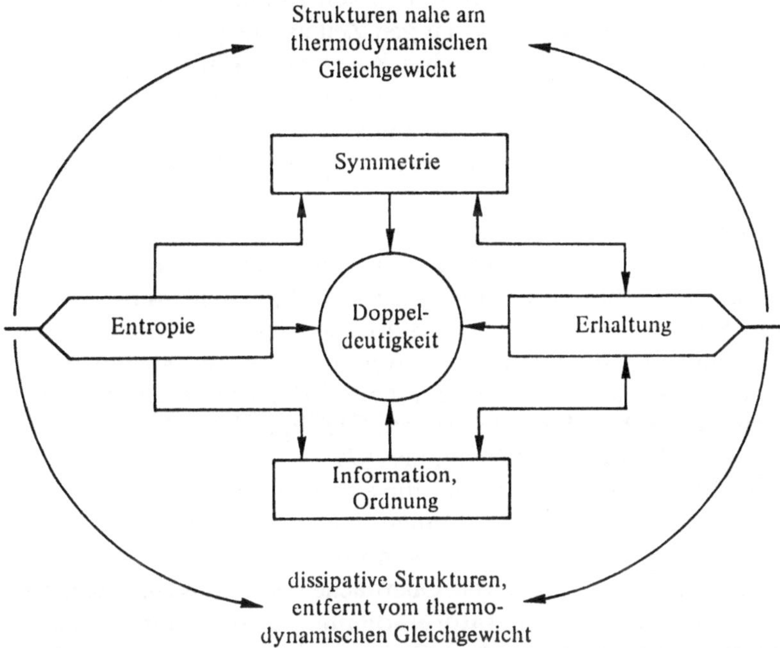

Bild 1 Entropie und Erhaltung, Symmetrie und Ordnung, Information und Doppeldeutigkeit: Dies sind die Faktoren, die im geistig–kulturellen Verhältnis zwischen Mensch und Natur eine vereinheitlichende Rolle übernehmen. Bei der entropischen (mit Entropiezunahme einhergehenden) Evolution der Strukturen im Umkreis des thermodynamischen Gleichgewichts bleibt die Symmetrie erhalten. Umgekehrt bestimmt die Symmetrie die Erhaltungsgrößen. In der neg-entropischen (unter Entropieerniedrigung erfolgenden) Evolution der aus dem thermodynamischen Gleichgewicht gebrachten dissipativen Strukturen ist es die Information oder Ordnung, welche unverändert bleibt. Umgekehrt erzeugt die Information eine Korrelation zwischen den Struktureinheiten eine Ordnung, die sich fortzusetzen versucht (man denke an den Erhaltungstrieb bei lebenden Individuen und bei den biologischen Arten). Der Konflikt zwischen Entropie und Erhaltung, zwischen Symmetrie und Information löst sich auf dynamische Weise in der Doppeldeutigkeit auf.

Entropie, die langsam zunehmen, bis sie, unter Berücksichtigung der Zwangsbedingungen, einen Maximalwert erreichen. Der sich auf diese Weise ergebende Zustand entspricht einem statischen Gleichgewicht auf makroskopischer Ebene.

Ein klassisches Beispiel für solche Strukturen ist ein Gas, dessen Moleküle sich in einem isolierten Behälter befinden, der aus zwei gleichen, miteinander kommunizierenden Kammern besteht. Die Gasmoleküle, anfangs alle in der linken Kammer untergebracht, können nach einer genügend langen Zeitspanne jeweils gleichmäßig auf die linke und die rechte Kammer verteilt aufgefunden werden. Ist diese verglichen mit dem Anfangszustand weniger geordnete Konfiguration auf spontane Weise einmal erreicht, bleibt das System im Gleichgewicht: Seine Entropie hat ihren Höchstwert (ihr Maximum) erreicht.

2. Die dissipativen Strukturen (einschließlich der biologischen Strukturen), mittels äußerem Energie-, Informations- und Materiefluß aus dem thermodynamischen Gleichgewicht gebracht. In diesen Strukturen „erlauben spezifische kinetische Gesetze den Aufbau und die Erhaltung einer funktionellen und strukturellen Ordnung" (Glansdorff und Prigogine, 1971); „ihre Erhaltung erfordert eine kritische Abweichung vom Gleichgewicht, d. h. ein Mindestmaß an Dissipation" (Prigogine, 1979).

Ein häufig benütztes Beispiel für eine dissipative Struktur (vgl. Ageno, 1978) ist jenes einer dünnen, von zwei Platten begrenzten Flüssigkeitsschicht, die langsam von unten erhitzt wird, ohne daß sich eine von Hohlräumen freie Oberfläche bildet (Rayleigh-Benard-Zelle). Bei kleinen Temperaturgradienten, also in unmittelbarer Nähe des thermodynamischen Gleichgewichts, ist die Wärmeleitung durch Diffusion (Wärmediffusion) ausreichend, um die zugeführte Wärmeenergie ohne makroskopische Bewegung zu zerstreuen. Was geschieht aber, wenn sich der Temperaturgradient erhöht und mit ihm der Energiefluß in der Flüssigkeit? In einem von der Größe des Gradienten – dieser wirkt als *Kontrollparameter* des dynamischen Verhaltens der Flüssigkeit – bestimmten Ausmaß verliert das System noch unterhalb der Siedetemperatur sein thermodynamisches Gleichgewicht. Auf sich allein gestellt, fällt es der Wärmediffusion immer schwerer, die Dissipation der zugeführten thermischen Energie zu gewährleisten. Dies solange, bis plötzlich

– sogenannte Rayleigh-Benardsche Instabilität – ein anderer im *Wettbewerb* mit der Diffusion stehender Weg freigegeben wird, durch den sich die zugeführte Energie absetzen kann: Unvermittelt setzt eine übergreifende makroskopische Bewegung ein. Die der Wärmequelle am nächsten liegenden heißesten Flüssigkeitselemente dehnen sich aus und neigen aufgrund des Archimedischen Prinzips dazu, nach oben zu steigen. Dort kühlen sie ab und sinken folglich wieder hinunter. So wird ein Prozeß des Wärmetransports mittels Konvektion in Gang gesetzt, der sich in einer Gesamtbewegung der Flüssigkeit äußert und durch Zusammenwirken auf der molekularen Ebene gekennzeichnet ist. Eine derartige kollektive Bewegung entsteht dank der kinetischen Energie, welche durch die Einwirkung der Auftriebskraft auf die wärmeren Massen freigesetzt wird.

Die Bewegung wird sowohl durch die Wärmediffusion erschwert, die dazu neigt, die Temperaturunterschiede auszugleichen und folglich den für den Archimedischen Auftrieb verantwortlichen Dichtegradienten gegen Null gehen zu lassen, als auch durch die Viskosität der Flüssigkeit. Diesseits der Instabilität baut sich die der Struktur zugeführte Energie in ungeordneter thermischer Anregungsenergie ab: Fluktuationen aus Mikrobewegungen gleichgerichteter kleiner Gruppen von Flüssigkeitsteilchen, Vorboten der Konvektionsströmungen, treten gelegentlich auf, bilden sich aber sofort wieder zurück. Jenseits der Instabilität dagegen vergrößern sich diese Fluktuationen – gesteuert von jener Ordnungsquelle, die gleich der Abweichung vom thermodynamischen Gleichgewicht ist (Bild 2) – und stabilisieren sich in einer auch *dynamisch geordneten Struktur* (Bild 3). Diese neue Struktur organisiert sich selbst auf Kosten der von außen gelieferten thermischen Energie: Ein Teil dieser Energie verwandelt sich in kinetische Energie von makroskopisch geordneten Flüssigkeitsfädchen (Schlieren). Die Bildung dieser Schlieren zerstört die Translationssymmetrie, die für die Homogenität der Flüssigkeitsstrukturen charakteristisch ist; die Stärke des mit den Schlieren verbundenen Geschwindigkeits- und Temperaturfeldes stellt den Ordnungsparameter dar; die Beständigkeit der Schlieren – diese sind in einem isolierten System unwahrscheinlich oder sogar unmöglich – ist, wie gesagt, von dem Vorhandensein einer Wärmeleistung abhängig. Diese wird von der viskosen Flüs-

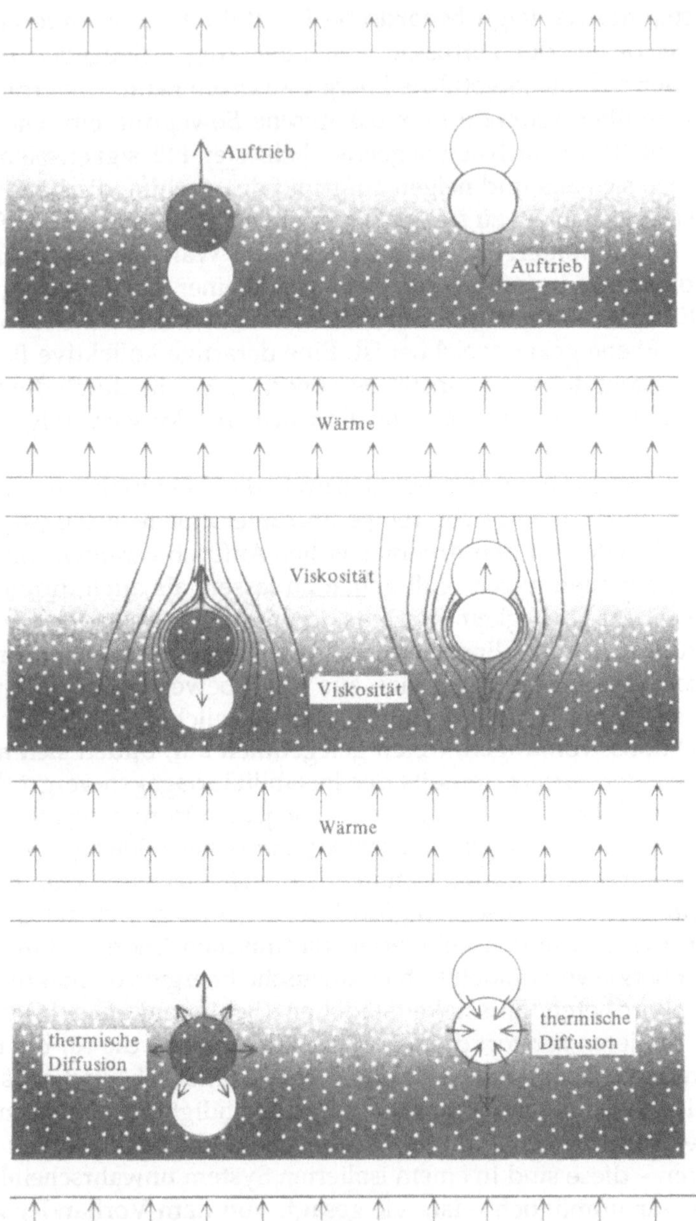

Auftrieb
Auftrieb
Wärme
Viskosität
Viskosität
Wärme
thermische Diffusion
thermische Diffusion
Wärme

Bild 2 Um einen konvektiven Fluß in Gang zu setzen, bedarf es eines Kräfteungleichgewichts. Wir wollen uns auf ein Experiment beziehen, bei dem eine dünne Flüssigkeitsschicht zwischen zwei steifen Platten von unten erhitzt wird und einen Temperatur– und Dichtegradienten erzeugt. Wenn ein Teil der warmen Flüssigkeit aus dem unteren Bereich der Schicht nach oben gebracht wird, begibt sie sich in eine Zone größerer mittlerer Dichte und gerät so unter den Einfluß einer Auftriebskraft. Entsprechend wird der aus dem oberen Bereich der Schicht nach unten beförderte Teil von kalter Flüssigkeit schwerer als seine Umgebung und hat die Tendenz, noch weiter nach unten zu sinken. Diesen Kräften wirkt die Viskosität und die thermische Diffusion entgegen, die versucht, die Temperatur des nach unten oder oben verbrachten Flüssigkeitsteils derjenigen seiner jeweiligen Umgebung anzupassen. Die relative Bedeutung dieser Effekte wird durch die Rayleighsche Zahl gemessen. Die konvektive Bewegung setzt ein, wenn die Auftriebskraft die dissipativen Wirkungen der Viskosität und der thermischen Diffusion überwindet, d. h. wenn die Rayleighsche Zahl einen kritischen Wert übersteigt (aus M. G. Velarde und C. Normand, Scientific American, Vol. 243, Juli 1980, S. 78).

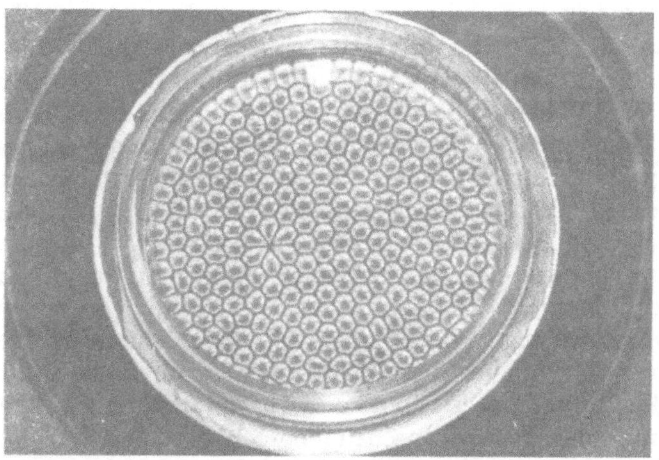

Bild 3 Sechseckige Konvektionszellen aus Silikonöl auf einer gleichmäßig erhitzten Kupferplatte und in ruhender Luft als Beispiel für eine dissipative Struktur. Bei kleinen Temperaturgradienten erscheint die viskose Flüssigkeit global in Ruhe, lokal befindet sie sich im thermischen Gleichgewicht. Die von außen zugeführte Wärme wird durch Wärmeleitung abgeführt. Bei größeren Temperaturgradienten, entfernt vom thermodynamischen Gleichgewicht, wird die Auftriebstendenz der von unten erhitzten Flüssigkeit stärker. Am kritischen Punkt oder oberhalb desselben „verwaltet" die Struktur ihre eigene Energie in veränderter Weise, indem sie einen Teil davon als kinetische Energie in Form geordneter, in stationärer Konvektionsbewegung befindlicher Flüssigkeitsschlieren abgibt. [Aus E. Koschmieder, *Adv. Chem. Phys. 26*, 177 (1974)]

sigkeit verwendet, um die Geschwindigkeits- und Temperaturgradienten zu erhalten, die zwischen den Schlieren entstanden sind: Ist die Wärmequelle einmal versiegt, löst sich mit der Wärmeleistung die geordnete Konvektionsströmung auf, und bis zum Temperaturausgleich bleibt lediglich der inkohärente Wärmeleitungsmechanismus durch die Diffusion bestehen.

Die Selbstorganisation der konvektiven Bewegungen einer Flüssigkeit, kontrolliert vom Temperaturgradienten in der Rayleigh-Benard-Zelle weist Charakteristiken auf, die analog denen der Auftriebsbewegung des Rauchs und der Luft im Rauchfang eines Kamins sind.

Als Beispiel könnte auch noch die Verteilung des Nebels in der Umgebung von Großstädten angeführt werden: Dieser Nebel zieht sich bei seiner Entstehung vorzugsweise ringförmig um die Großstädte zusammen.

Kehren wir nun zum zusammenfassenden Schema (Bild 1) zurück. – Im Bereich des thermodynamischen Gleichgewichts bleibt die Symmetrie erhalten. Umgekehrt bestimmt die Symmetrie die Observablen, die erhalten bleiben. Was sich in der negentropischen Entwicklung nicht isolierter und nicht im thermodynamischen Gleichgewicht befindlicher Strukturen, einschließlich lebender Systeme, erhält, ist Information und/oder Ordnung: In diesen Strukturen neigt die Ordnung dazu, bestehen zu bleiben.

Ein im Verlauf dieses Buches immer wiederkehrendes Argument vorwegnehmend, erscheint es mir an diesem Punkt von Wichtigkeit zu betonen, daß die Doppeldeutigkeit eine zentrale Rolle spielt für die dynamische Lösung der Widersprüchlichkeiten, die den kulturellen Beziehungen zwischen dem Menschen und den Objekten der Kunst und sogar der Wissenschaft innewohnen.

Die *Doppeldeutigkeit* könnte nämlich definiert werden als *in einem bestimmten kritischen Punkt vorhandene Koexistenz zweier Wirklichkeitsaspekte, die sich gegenseitig ausschließen* und mittels eines manchmal mit einer charakteristischen Frequenz verbundenen Übergangs physikalisch beobachtbar gemacht werden – z. B. im Wahrnehmungsprozeß oder im Verlauf einer spektroskopischen Beobachtung (Tafel II).

Tafel II

Tafel II V. van Gogh, L'église d'Auvers, 1890 (Musée de l'impressionisme, Paris). – Das Gemälde und der gezeigte Ausschnitt sind im Anhang dieses Buches farbig reproduziert.

Es handelt sich um eines der letzten Werke von van Gogh. Mit seinem einprägsamen Strich gelingt es dem Künstler, das Wesen der Strukturen zu erfassen und ihren Rhythmus zu beschwören. Was ist nun aber das Geheimnis der Bewegung, die seiner Malerei Ausdruck verleiht? Viele architektonische Elemente der Église d'Auvers können, jeweils isoliert betrachtet, *gelesen* oder „bildhaft gedacht" werden, auf jeweils zwei Weisen, die sich gegenseitig ausschließen und durch einen dynamischen Übergang miteinander verbunden sind, der aus einem periodischen Wechsel perspektivischer Umkehrungen besteht. Wenn man zum Beispiel lang genug die Mauer ganz links betrachtet, scheint sich diese mit einer Zick-Zack-Bewegung umzudrehen, und zwar so, daß die zweite und die vierte der oberen horizontalen Kanten eher *diesseits* (als *jenseits*) der von ihnen markierten Rampen erscheinen. Ein wenig also wie bei der Schroederschen Treppe in Bild 4 verhält es sich so, als ob jede der beiden Kanten in zwei relativ zur Bildfläche symmetrischen Positionen wahrgenommen werden könnte. Analoge Empfindungen werden bei der Wahrnehmung anderer Strukturelemente hervorgerufen, zum Beispiel hinsichtlich der Fenstersimse und Seitenwände der drei- und vierbogigen Fenster wie auch der Vertiefungen und Aufwerfungen des Erdbodens vor der Kirche. All das verleiht dem Bild eine Vielfalt von versteckten Symmetrien, die der Betrachter zu zerstören angeregt wird, indem er periodische Übergänge hervorruft, die jeweils eine charakteristische Frequenz haben. Es handelt sich hier um eine Frequenz, die von den Dimensionen der Struktureinheiten des Bildes, oder besser: vom Blickwinkel, aus dem das Bild betrachtet wird, abhängt (Borsellino et al., 1982). Dies ist einer der objektiven Gründe, warum die vom Originalwerk hervorgerufenen ästhetischen Empfindungen im allgemeinen viel stärker sind als jene von einer Reproduktion im verkleinerten Format ausgelösten (Paris vaut bien une Messe!). Dies gilt besonders für van Gogh, dessen plastischer Strich dazu beiträgt, das Reliefartige der Bilder hervorzuheben. Um alle die unterschiedlichen

24

Kombinationen der periodischen Übergänge wahrzunehmen, die die charakteristischen Frequenzen dieser zweideutigen Struktur definieren, wäre möglicherweise eine noch längere Zeit zur Betrachtung notwendig als jene, die van Gogh brauchte, um die Frequenzen unbewußt und gewissermaßen in einem Wurf auf das Bild zu übertragen. Optische Täuschungen dieser Art (aber sind es wirklich Täuschungen? Ist es vielleicht nicht wahr, daß „verum et factum convertuntur"?) sind nicht auf zweidimensionale doppeldeutige Figuren beschränkt. Sie können – überraschenderweise – auch von dem suggeriert werden, was Montale als die „statischste aller Künste (die Architektur)" bezeichnen würde. Betrachten wir nur etwa die Verbindungselemente zwischen den ebenen und den erhabenen Flächen oberhalb der Doppelsäulen der unteren Reihe im Kloster, das an die Kirche San Carlino delle Quattro Fontane (Borromini, Mitte des 17. Jahrhunderts) angrenzt; oder nehmen wir in der Apsis eines anderen Meisterwerks des römischen Barock, der Kirche San Ignazius, zuerst im Fries und dann darunter, entlang der Seitenpilaster, das schweigsame Spiel von Höhlungen und Vorsprüngen in uns auf, die, in ständigem Wechsel hervor- und zurücktretend, weiterrücken. Im vorliegenden Buch wird die Wahrnehmung einer doppeldeutigen Struktur als vom Beobachter kontrollierte dynamische Instabilität der Sinnesreize interpretiert.

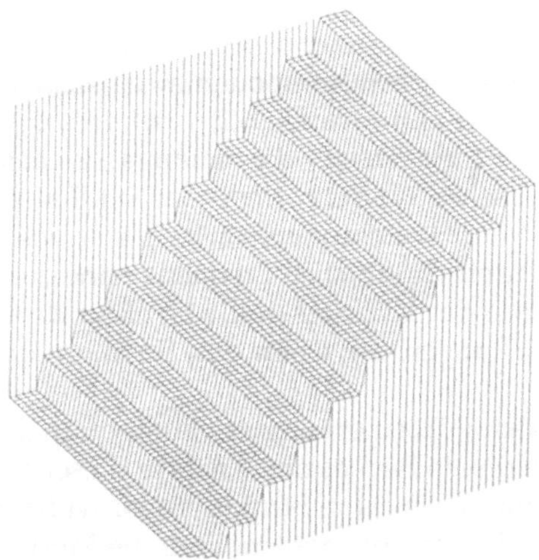

Bild 4 Die Schroedersche Treppe (aus Melvin L. Prueitt, *Computer Graphics*, Dover Publ. Inc., New York 1975). Diese Treppe scheint sich nach einigen Sekunden der Betrachtung umzudrehen. Die Vorstellungskraft versucht, eine der beiden Konstellationen geistig zu fixieren, bleibt aber unentschieden, sobald sich ihr die jeweils umgedrehte Konstellation darstellt.

In der Tat scheinen relevante Analogien möglich zwischen dem Verhalten von dissipativen Strukturen, die aus dem thermodynamischen Gleichgewicht gebracht sind, und dem Wahrnehmungsprozeß einer doppeldeutigen Form. (Um Mißverständnisse zu vermeiden, betrachten wir hier und im folgenden eine Form, die als bereits verinnerlicht aufzufassen ist, also nach den Voranalysen durch die Netzhaut und die optischen Ganglien.)

Gehen wir jedoch der Reihe nach vor. Nehmen wir z. B. die Strukturen der Tafel III und beobachten wir besonders einen der beiden Blöcke. Die von dieser Form ausgelösten Sinnesreize sind seitens des Beobachters kontrollierbar. Dieser bemüht sich, die Sinnesreize zu organisieren, wobei er versucht, sie nicht zu vergessen und in kohärenten Schemata zu ordnen. In der Anfangsphase des Wahrnehmungsprozesses erlaubt es die noch unzureichende Kontrolle der Sinnesreize nur stellenweise und gelegentlich, eine kleine Anzahl von hier und da verstreuten Struktureinheiten zueinander in Beziehung zu setzen. Die Struktur erscheint zweidimensional und zentralsymmetrisch. Was aber geschieht, wenn die Kontrolle dieser Sinnesreize eine kritische Schwelle überschreitet, so daß sich der Beobachter auf die charakteristischen Zeichen der Struktureinheiten und ihre dynamischen Komponenten einstellen kann?

Wie durch Zauberhand ordnen sich – bei zerstörter Symmetrie der Struktur – die Sinnesreize, die anfangs stochastisch verteilt waren, in dynamischer Weise, formen das bildhafte Denken und werden von der Figur kollektiv verstärkt. Sie schwanken also „en bloc", mit einer durchschnittlichen Frequenz nahe der charakteristischen Frequenz, die der Künstler in die Struktur durch spezifische Form-Wechselwirkungen zwischen den Struktureinheiten eingebaut hat.

Wie schon in der Vorbemerkung erwähnt, erscheint es sinnvoll, ganze Abschnitte dieses Buches der Analyse dieser unentscheidbaren und nicht konkretisierbaren Strukturen zu widmen. Ein Grund dafür liegt darin, daß das phänomenologische Modell, das wir für die Wahrnehmung dieser Strukturen auszuarbeiten im Begriff sind, eine gewisse Anzahl von grundlegenden Kapiteln der Physik mit sich bringt – Symmetrie und Erhaltungssätze, Symmetriebrechung und Aufbau der Materie, Spektroskopie, Thermodynamik und Entropie, Informationstheorie und irreversible Thermodynamik, ko-

Tafel III F. Grignani, Psychoplastische Struktur. Acryl, 70 cm × 70 cm, 1968. Ausschnitt

operative Phänomene und Selbstorganisation von nicht im Gleichgewichtszustand befindlichen Strukturen.

Es ließe sich – gerade hier – die Behauptung aufstellen, daß zur Erfassung dieser physikalischen Probleme auf physiologischer oder intuitiver Ebene die wenigen Sekunden genügen könnten, die man braucht, um eine doppeldeutige Struktur wahrzunehmen und sich bildhaft vorzustellen.

Abschließend ist zu bemerken, daß während des Wahrneh-
mungsaktes, der der Entstehung der Vorstellung und der Entwicklung des Gedankens vorangeht, und insbesondere bei der Wahrnehmung der einfachsten der „formlosen Formen" (Thom, 1972), die
zur Klasse der doppeldeutigen Strukturen gehören, alle die vereinheitlichenden Faktoren wirksam werden, mit denen wir uns bisher
beschäftigt haben und die zur Herstellung unseres individuellen
Wirklichkeitsbildes beitragen. In der Analyse der Mechanismen bei
der Wahrnehmung jener Strukturen werden wir uns, ohne Berücksichtigung neurophysiologischer Gesichtspunkte, darauf beschränken, die *qualitativen*, funktionellen Korrelationen zwischen den
obengenannten Faktoren hervorzuheben. Diese Analyse bildet eines
der Hauptthemen, um die sich die sechs Kapitel des vorliegenden
Buches drehen.

Exkurs
Symmetrie, Einfachheit, Ordnung

Sobald die Symmetrie durch das Bewußtsein gebrochen,
Entspringt die Idee. Die Ordnung tritt auf,
Dann der Gedanke, der alles beherrrscht,
In dem sich, ein-fach, die Idee enthaltet.
Die Idee des Einfachen liegt in seiner „Falte".

(Caglioti, 1983)

Im Zingarelle [ein einsprachiges italienisches Wörterbuch; Anmerkung der Übersetzer] finden wir unter dem Stichwort „semplice" [einfach]: Zusammensetzung aus *sem-* [einmal] und einer Ableitung von *plectere*, ital.: *piegare* [biegen, brechen]; *semplice* = das, was aus einem Stück besteht.

In der Natur gibt es viele Systeme, die im Verlauf ihrer Entwicklung *eine bestimmte Wendung* [ital.: *piega*] *nehmen*. Wir denken dabei an physikalisch-chemische, biologische, ökonomische und gesellschaftliche Systeme, die – an einem kritischen Punkt angelangt – abrupt strukturelle Modifikationen oder dynamische Instabilitäten durchmachen, wahrhaftige Revolutionen, die radikale *Vereinfachungen* in der Existenzform oder im Verhalten ankündigen.

Nehmen wir zum Beispiel einen Magneten. Der Magnet zieht bekanntlich Eisen an. Die Eigenschaft, Eisen anzuziehen, ist an eine meßbare makroskopische physikalische Größe gebunden: die Magnetisierung. Zu dieser tragen Myriaden von mikroskopischen Einzelelementen bei; ihre Anzahl ist so groß wie die Zahl der Atome (z. B. Eisen- oder Nickelatome) im magnetischen Material. Jedes Atom verhält sich wie eine verkleinerte Kompaßnadel. Wie aber hängt die Gesamtmagnetisierung von der Stellung der einzelnen „Nadeln" (Elementarmagnete, Spins) ab?

Betrachten wir dazu zwei Grenzsituationen, die in den Teilbildern a) und c) von Bild 5 dargestellt sind. Wenn im Innern des Magneten die Nadelspitzen alle *geordnet* in die gleiche Richtung zeigen, summieren sich ihre jeweiligen Beiträge zur Magnetisierung in verstärkender Weise. Die Magnetisierung erreicht einen Höchstwert, und der Magnet zieht Eisen an (Bild 5c).

Wenn dagegen die Nadelspitzen *in ungeordneter Weise* in jeweils verschiedene Richtungen zeigen, dann kompensieren sich die einzelnen Beiträge zur Magnetisierung im Mittel zu Null, und die Substanz ist insofern kein Magnet mehr, als sie kein Eisen mehr anzieht (Bild 5a).

Die zwei Verhaltensweisen ergeben sich für das gleiche Material jeweils unterhalb und oberhalb einer kritischen Temperatur, der Curie-Temperatur T_c, die den Übergangspunkt von der geordneten (ferromagnetischen) zur ungeordneten (paramagnetischen) Phase anzeigt.

Oberhalb der kritischen Temperatur ($T > T_c$) wird durch die Wärmebewegung eine mögliche gleichgerichtete Orientierung immer wieder durcheinandergebracht: Es wäre ebenso mühsam wie unnütz, die mikroskopische Anordnung in der paramagnetischen Phase im Detail zu beschreiben, in der sich die einzelnen „Nadeln" – gewissermaßen betäubt vom thermischen Rauschen – individuell ausrichten, ohne auf die anderen „Nadeln" zu achten.

Umgekehrt ist das thermische Rauschen unterhalb der kritischen Temperatur ($T < T_c$) nicht so hoch, daß es die Nadeln daran hindern würde, sich untereinander zu „verständigen" und eine gemeinsame Ausrichtung einzunehmen. Es genügt, daß zufällig eine Fluktuation entsteht, die eine Gruppe benachbarter Nadeln veranlaßt, sich in die gleiche Richtung parallel zu orientieren, damit der Verlauf der Magnetisierung notwendigerweise *eine bestimmte Wendung* nimmt: Alle anderen „Nadeln" in dem durch diese partielle Gleichrichtung induzierten Feld ahmen sie nach. Und durch die Erhöhung des Anteils der ausgerichteten „Nadeln" wächst das Feld, was eine Gleichrichtung der übrigen „Nadeln" begünstigt, bis sich schließlich auch im makroskopischen Bereich des Materials eine übereinstimmende Ausrichtung der „Nadeln" durchsetzt. *Ein einziger Ordnungsparameter*, nämlich die Magnetisierung, genügt, um das magnetische Verhalten der gesamten Struktur zu beschreiben.

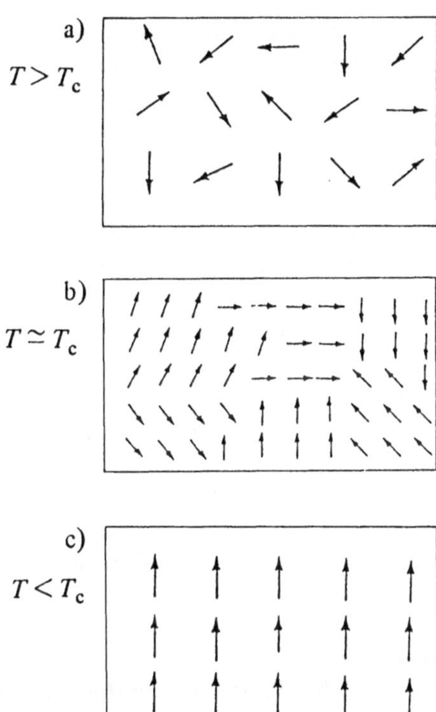

Bild 5 In einem magnetischen Material ist die Anordnung der atomaren „Magnetnadeln" oberhalb der kritischen Temperatur T_c ungeordnet (Teilbild a) und geordnet unterhalb der kritischen Temperatur T_c (Teilbild c). Wenn die Temperatur, ausgehend von $T > T_c$ auf Werte direkt oberhalb der kritischen Temperatur absinkt (Teilbild b, $T \simeq T_c$), korrelieren die Richtungsschwankungen der „Magnetnadeln", statt sich auszumitteln. Sie neigen dazu, sich auf immer größere Bereiche auszudehnen. Wird die Temperatur weiter auf $T < T_c$ (Teilbild c) abgesenkt, vergrößert sich eine der Schwankungen und übernimmt die Führung über die in einem Bereich von makroskopischen Dimensionen enthaltenen „Magnetnadeln", richtet diese parallel aus und nimmt so die Rolle des Ordnungsparameters in der neugebildeten ferromagnetischen Struktur an.

Im Verhalten der „Magnetnadeln" spielen also ein *Kontrollpara-meter*, nämlich die Temperatur, und ein *Ordnungsparameter*, die Magnetisierung, eine wesentliche Rolle. Bei der kritischen Temperatur T_c nimmt das Fortschreiten der Magnetisierung mit der Temperatur eine bestimmte Wendung (Bild 5b): Der Zustand des unbeschreibbaren paramagnetischen Chaos mit einer Magnetisierung von Null wird mit der Temperaturabnahme durch einen Zustand abgelöst, der *auf einfache Weise mittels eines einzigen Parameters*, eben der Magnetisierung, beschreibbar ist.

Die ebene beschriebene Strukturmodifikation ist ein Phasenübergang zweiter Ordnung. Dieser ist durch die Tatsache charakterisiert, daß bei einer bestimmten kritischen Temperatur die Zustände der beiden Phasen in doppeldeutiger Weise übereinstimmen (im Unterschied zu dem, was sich zum Beispiel am Siedepunkt des Wassers abspielt: Dabei befindet sich die Flüssigkeit, die einen Phasenübergang erster Ordnung vollzieht, im Gleichgewicht zwischen zwei verschiedenen Aggregatzuständen, Flüssigkeit bzw. Dampf). Auf die Frage, welche Phase bei der kritischen Temperatur nun vorliege, die geordnete oder die ungeordnete, müßte man antworten: beide. (Tertium datur?)

Dieser Übergang weist Analogien auf zu den dynamischen Instabilitäten, synergetisch hervorgerufen durch Energie-, Impuls-, Informations- und/oder Materiefluß in den dissipativen Strukturen. Diese Einflüsse, die derartige Strukturen aus dem thermodynamischen Gleichgewicht bringen, übernehmen die Rolle des *Kontrollparameters* der dynamischen Instabilität; der von ihnen hervorgerufene Effekt ist analog dem Resultat der Temperaturverminderung beim para-ferromagnetischen Übergang: Auf eine spezifische Schwankung im Strukturinnern wirkend, kontrollieren jene Einflüsse nämlich mögliche rückläufige Tendenzen oder – *Ordnungsparameter!* – überdimensionale Vergrößerungen dieser Fluktuationen, indem sie durch Reorganisation innerhalb der Struktur eine neue Phase herstellen, die als geordnete, d. h. also auch auf mikroskopischer Ebene zusammenhängende Struktur hervorgeht.

Die geordneten makroskopischen Strukturen – seien es die dissipativen wie z. B. jene, nach denen sich die konvektiven Bewegungsabläufe einer Flüssigkeit in der Rayleigh-Benard-Zelle organisieren, oder seien es die nicht-dissipativen wie z. B. ein Eisenmagnet oder eine Metallegierung unterhalb der kritischen Temperatur – sind deshalb auch auf mikroskopischer Ebene einfache Strukturen.

Die symmetrischen makroskopischen Strukturen könnten auf den ersten Blick als einfach und geordnet erscheinen. Tatsächlich können sie den Eindruck erwecken, daß wenige Elemente zu ihrer Charakterisierung genügen. In Wahrheit würden sich diese Strukturen, wenn sie im Grenzfall idealsymmetrisch wären, als so undifferenziert und unmeßbar erweisen, daß man sie nicht einmal beschreiben könnte; eine idealsymmetrische Struktur ist also keineswegs einfach, sie hat sich für keinen Weg „entschieden".

Nebenbei bemerkt: In der gleichen Art, wie wir gedanklich eine Beziehung zu natürlichen Strukturen herstellen und wie wir die in diesen Strukturen stattfindende Änderungen nachvollziehen, kann man auch selbst als Übergang von Myriaden von ungeordneten und inkohärenten Sinnesreizen (Stimuli) in ein geordnetes, kohärentes Schema auffassen, wenn der Kontrollparameter der Sinnesreize allmählich oder abrupt einen kritischen Wert überschreitet. Die Dynamik des Gedankens – *als charakteristischer Ordnungsparameter des Aufmerksamkeitsfeldes* – bestünde so in der selektiven Auswahl des dominierenden Stimulus, der Gefühl oder Vorstellung und damit auch Gedanke wird.

So gesehen scheint das, was im para-ferromagnetischen Übergang (oder „Wahl") passiert, nicht ganz unähnlich dem zu sein, was sich zum Beispiel ereignet, wenn wir ein Thema erörtern. Nur nach einer intensiven, verborgenen „Wühlarbeit" mit dem einzigen Ziel, die vielen für die spätere Ausführung a priori relevanten Elemente unter Kontrolle und miteinander in Einklang zu bringen, stellt sich das wesentliche Element – die Idee – ein, entsteht der einzig wirkliche Ordnungsparameter – der Gedanke.

Und so erklärt (ent-faltet) sich auf einfache Weise die Idee: Die Idee des Einfachen liegt in seiner „Wendung" (Falte) begründet.

Kapitel 2
Natürliche Strukturen

Dort, wo die Natur aufhört, ihre Arten zu produzieren, ist es
der Mensch selbst, der beginnt, aus den natürlichen Dingen
und unterstützt von eben dieser Natur, unendlich viele Arten
zu erschaffen.

Leonardo

Im Kapitel 1 haben wir die natürlichen Strukturen in zwei Gruppen
geteilt: Strukturen im Bereich des thermodynamischen Gleichgewichts und dissipative Strukturen.

Alle materiellen Strukturen – natürliche oder künstliche, isolierte
oder der Zufuhr von Energie, Materie oder Information ausgesetzte
– haben eine gemeinsame Eigenschaft, die schon Demokrit im 5.
Jahrhundert v. Chr. postulierte: Sie sind aus Atomen zusammengesetzt, die sich zu Funktionseinheiten vereinigen und so Moleküle,
Flüssigkeiten, amorphe Festkörper, Kristalle oder aber auch organi-
sche Substanzen, aus denen die lebendige Materie besteht, bilden.

Auf atomarer Ebene gehorchen die Strukturen den Gesetzen der
Quantenmechanik. Ihre makroskopischen Eigenschaften und ihr
Verhalten unter äußeren Einflüssen sind thermodynamisch oder
synergetisch interpretierbar. Leider werden diese Themen meist auf
schwer verständliche Weise dargestellt, d. h., wie Brillouin sagen
würde, „in der Sprache der Physiker – einem Jargon, der nur den
Spezialisten verständlich ist". Die Folgen reichen von Unverständ-
nis bis zur Gleichgültigkeit, von kurzsichtiger Polemik zwischen
zwei unterschiedlichen Sprechweisen bis zu unberechtigten Formen
des Mißtrauens und der gegenseitigen Mißachtung.

Wir wollen hier versuchen, die eben beklagten Mißstände zu vermeiden. Zuerst wird das Atom dargestellt, daran anschließend die

einfachsten Systeme, in denen sich die Atome zu Funktionseinheiten zusammensetzen.

Im besonderen werden wir bei der Natur jener Mechanismen verweilen, die die Bildung chemischer Bindungen zwischen den Atomen in Molekülen bewirken, des weiteren bei der „Struktur" des *bit* (der Einheit der Information) und bei der Dynamik des Konflikts zwischen Symmetrie und Ordnung. Allem Anschein zum Trotz handelt es sich um durchaus miteinander zusammenhängende Themen.

Schließlich werden wir – auf der Basis der Hypothese, daß sich die Sinnesreize während des Wahrnehmungsprozesses auf synergetische Weise selbstorganisieren, um das bildhafte Denken zu erzeugen – die Grundlagen einer möglichen Analogie zwischen der spektroskopischen Beobachtung eines zweiatomigen Moleküls und der Wahrnehmung einer doppeldeutigen Figur beschreiben.

2.1 Das Atom

Aus den von Proust, Dalton und Gay-Lussac entdeckten Gesetzen zur chemischen Reaktion leitete Avogadro folgerichtig seine berühmte, Anfang des 19. Jahrhunderts formulierte Molekülhypothese ab und beendete damit eine Tausende von Jahren während ideologische Auseinandersetzung über die – entweder homogene oder aber atomare – Natur der Materie beendet. Gleichzeitig hat er den kommenden Generationen ein konkretes und komplexes Problem zur Lösung aufgegeben: die Frage nach der Struktur der Moleküle und der Kristalle und die Frage nach den Bauelementen dieser Strukturen, den Atomen.

In diesem Kapitel wird schematisch das Atom vorgestellt: ein derart kleines Objekt, daß es praktisch eine – auch etymologische – Grenze der Unteilbarkeit bildet; gleichzeitig ist es auf unglaubliche Weise von Ungewißheit und also von Symmetrie charakterisiert.

Rutherford zeigte experimentell, daß das Atom als aus einem Kern und aus Elektronen bestehend angesehen werden. Der Kern, seinerseits aus Protonen und Neutronen aufgebaut, ist relativ schwer und von einer wahrhaft astronomischen Dichte. Er befindet sich in der Mitte des Atoms und besitzt eine positive Ladung, die ein Vielfaches der zu einem einzelnen Proton gehörenden Elementarladung darstellt. Angezogen vom Kern, gruppieren sich rund um ihn die Elektronen, die die gleiche Ladung wie die Protonen besitzen, jedoch mit negativem Vorzeichen. Ihre Zahl ist gleich der der Protonen im Kern, so daß das Atom elektrisch neutral ist. Bis Anfang der zwanziger Jahre dachte man sich das Atom als ein miniaturhaftes Planetensystem. Die Dimensionen des Atoms, welches ein Volumen der Größenordnung von 10^{-23} cm^3 einnimmt, und die (weit geringeren) Dimensionen des Atomkerns sind jedoch zu klein im Vergleich mit den uns vertrauten Objekten, als daß man sich erlauben könnte, die klassischen Gesetze, die die makroskopischen Erscheinungen beschreiben, ohne weiteres auf die Welt des Atoms zu übertragen. Mit anderen Worten, es darf nicht überraschen, daß die Experimente, die man um die Jahrhundertwende zu den Wechselwirkungen zwischen Strahlung und Materie auf dem Gebiet der atomaren Spektroskopie und der Strahlung gemacht hat, das Scheitern der klassischen Gesetze für den Mikrokosmos bekräftigt haben, und daß deren Gültigkeit nur für den makroskopischen Bereich verifiziert werden konnte.

Um die Ergebnisse der Atomspektroskopie zu interpretieren, wurde es folglich notwendig, die klassischen Gesetze der Mechanik und des Elektromagnetismus durch die neuen Gesetze der Quantenmechanik zu ersetzen. Diese Gesetze lassen sich auf atomarer Ebene bequem anwenden; beim Übergang zu makroskopischen Dimensionen neigen sie dazu, sich den klassischen Gesetzen anzugleichen.

Um ein wenig Einblick in Quantengesetze zu bekommen, ist es hilfreich, das – durch die Gesetze der Quantenmechanik beschriebene – Verhalten der Elektronen im Atom mit dem Verhalten eines Satelliten im Gravitationsfeld der Erde (hier gelten die klassischen Gesetze) zu vergleichen. Einzelheiten findet man im Anhang I; hier sind nur die Schlußfolgerungen zusammengefaßt.

Wir beschreiben das Wasserstoffatom; es ist das einfachste atomare System. Dem einzigen, vom Proton angezogenen Elektron dieses Atoms ist eine Energie zugeordnet, die – im Unterschied zur Energie des Satelliten im Schwerefeld der Erde – nicht nach Belieben festgelegt werden kann, sondern nur innerhalb einer diskreten Folge von für das Atom charakteristischen Werten (Bild 6).

Diese möglichen Energiewerte (die als Eigenwerte aus der Schrödinger-Gleichung hervorgehen) werden *Energieniveaus* genannt.

Ist ein bestimmtes Energieniveau für das Elektron festgelegt, dann ist die Erscheinungsform des Elektrons im Umkreis des Protons im wesentlichen unabhängig von der Zeit und wird nicht durch die Umlaufbahn, sondern als *Wellenfunktion* oder *Zustandsfunktion* (oder stationäre Eigenfunktion der Schrödinger-Gleichung)

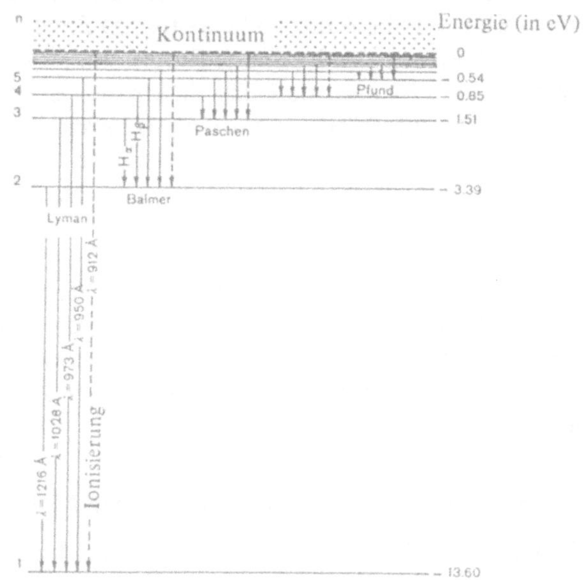

Bild 6 Die Energieniveaus des Wasserstoffatoms sind in einer diskreten Abfolge geordnet. Ausgehend von einem Minimalwert (gleich – 13,6 eV für den durch die Hauptquantenzahl $n = 1$ symbolisierten Grundzustand) wachsen die möglichen Energieniveaus des mittels Coulombscher Anziehung an das Proton gebundenen Elektrons sprunghaft an und nehmen einen Wert von – 3,39 eV (dem die Hauptquantenzahl $n = 2$ entspricht) für den ersten Anregungszustand an, – 1,51 eV für $n = 3$ usw., bis sie für das Proton in großer Entfernung umkreisende Elektron auf Null steigen. (Dann ist das Elektron ungebunden und kann beliebige Energien annehmen; die Energie ist nicht mehr gequantelt, es liegt ein Energie-Kontinuum vor.) Beim Übergang von einem höheren Energieniveau E_m zu einem niedrigeren Niveaus E_n wird im Wasserstoffatom wie auch in jeder anderen Quantenstruktur elektromagnetische Strahlung der Frequenz $v_{mn} = (E_m - E_n)/h$ ausgestrahlt. (Dies ist die Bohrsche Gleichung.) Die Wellenlänge λ der genannten Strahlung ist durch die Relation $\lambda = c/v$ an die Frequenz gebunden, wobei c die Lichtgeschwindigkeit ist. Befindet sich das Atom in einem elektrischen Feld, spalten sich die Energieniveaus mit Ausnahme des Grundniveaus in die sogenannten Multipletts auf (Stark-Effekt, Bild 17). [Nach G. Caglioti, Introduzione alla fisica dei materiali, Zanichelli, Bologna 1974]

definiert. Die dem oben genannten Energieniveau zugeordnete Zustandsfunktion erlaubt es, die Wahrscheinlichkeit abzuschätzen, mit der das von der Funktion beschriebene Elektron mittels Messung in einem beliebigen Bereich rund um das Proton auffindbar ist. Obwohl die Zustandsfunktion das Maximum an Information bereitstellt, das theoretisch über das System erhältlich ist, läßt sie eine nur wahrscheinlichkeitstheoretische (statistische) Beschreibung des Verhaltens des Elektrons rund um das Proton zu. So ist zum Beispiel die Wahrscheinlichkeit, daß das Elektron des Wasserstoffatoms in seinem Grundzustand – er wird als $1s$ bezeichnet – in einer Kugel vom Radius $1{,}5 \cdot 10^{-8}$ cm mit dem Atomkern als Mittelpunkt aufgefunden wird, 90 Prozent. Diesen kugelförmigen Raum (Bild 7) nennt man *Atomorbital* des Grundzustandes.

Jeder weitere Drang nach Gewißheit hinsichtlich der Position des durch einen stationären Zustand beschriebenen Elektrons könnte als ein gerechtfertigtes und auf den ersten Blick auch als ein zu befriedigendes Bedürfnis erscheinen, falls sich das Atomelektron wie ein klassisches Teilchen verhielte. Da aber das Elektron quantenmechanischen Gesetzen folgt, bleibt dieses Bedürfnis unerfüllbar.

2.2 Binäre Strukturen: chemische Bindung in den Molekülen

Die natürlichen Systeme setzen sich aus untereinander korrelierenden Struktureinheiten zusammen. Um ein solches System zu verstehen, sollte man ein einfaches Modellbeispiel ausfindig machen, das einer möglichst strengen physikalischen Analyse zugänglich, gleichzeitig aber auch repräsentativ für entsprechende Situationen im Bereich der Wahrnehmung und der Kunst ist. Binäre Strukturen genügen den gestellten Anforderungen.

Im mikroskopischen Maßstab betrachten wir Systeme wie beispielsweise das Elektron im Wasserstoff-Molekülion H_2^+ oder das Stickstoffatom im Ammoniakmolekül NH_3 sowie spektroskopische Messungen an diesen Molekülen. Parallel dazu behandeln wir auf makroskopischer Ebene zum Beispiel die „graphische Verschmelzung" doppeldeutiger Formen (siehe Tafel IV, von Franco Grignani) und die Beziehung, die wir im Moment ihrer Wahrnehmung mit diesen Formen eingehen.

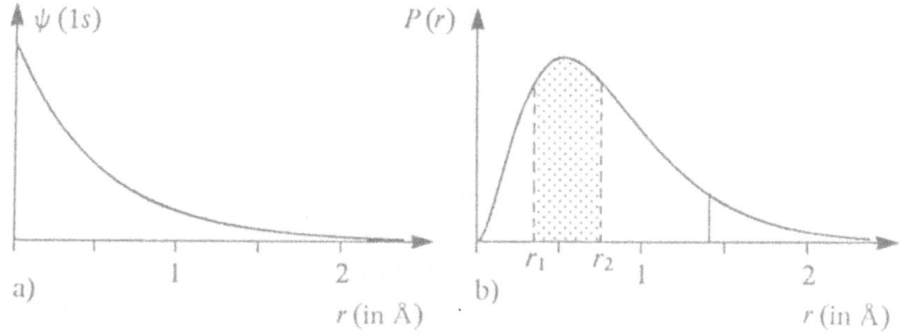

Bild 7 a) Die radiale Wellenfunktion ψ (1s) beschreibt den Grundzustand des Wasserstoffatoms.

b)   Die Aufenthaltswahrscheinlichkeit des Elektrons $P(r) \equiv 4\,\pi\,r^2\,|\,\psi\,(1s)\,|\,^2 dr$ als Funktion des Abstandes r vom Kern. Das graue Feld zeigt die Wahrscheinlichkeit an, daß die Ortsmessung des Elektrons im Energieeigenzustand 1s einen Wert zwischen r_1 und r_2 ergibt. Man beachte, daß diese Wahrscheinlichkeit ihren Maximalwert in der Nähe des Bohrschen Radius $a_o = 0,53$ Å des Wasserstoffatoms erreicht. Die von der Kurve und der Abszisse begrenzte Gesamtfläche ist gleich Eins.

c)   Zeichnerische Darstellung des Atomorbitals des 1s-Zustandes des Wasserstoffatoms. Das Orbital ist als Raum definiert – bestimmt von einer Oberfläche, entlang derer das Betragsquadrat der Wellenfunktion konstant ist –, in deren Innern die Wahrscheinlichkeit, das Elektron aufzufinden, gleich 0,9 ist. Im Eigenzustand 1s ist der Drehimpuls des Elektrons Null. Das Elektron hat die größte Aufenthaltswahrscheinlichkeit sehr nahe am Kern (in der Zeichnung durch den weißen Kreis in der Mitte schematisiert), ohne jedoch jemals völlig eingefangen zu werden.

In diesem Abschnitt wird der Begriff der *chemischen Bindung* vorgestellt, und zwar mit Bezug auf die einfachsten unter den binären Strukturen, das Wasserstoff-Molekülion. Im darauffolgenden Abschnitt wird die Frage der *spektroskopischen Beobachtung* von binären Strukturen wie H_2^+ und NH_3 mittels eines elektromagnetischen Resonanzfeldes behandelt, das in der Lage ist, die Symmetrie der zu diesen Systemen gehörenden stationären Zustände zu brechen. Die Diskussion des spektroskopischen Analyseverfahrens für die binären Strukturen geht dem Begriff der Beseitigung von Ungewißheit bzw. dem Begriff der Information auf natürliche Weise voraus. Dieser Begriff wird in einführender Form im Abschnitt 2.4 vorgestellt und später gemeinsam mit dem Problemkreis der Wahrnehmung von doppeldeutigen Strukturen weiterentwickelt.

Was geht also vor sich, wenn sich zwei elementare Strukturen vereinigen? Welches ist der Mechanismus, der bei der Knüpfung einer chemischen Bindung wirksam wird?

Unterziehen wir das Wasserstoff-Molekülion einer Prüfung. Es setzt sich aus zwei Protonen (den Kernen) und einem Elektron zusammen, das von beiden Protonen in gleicher Weise nach dem Coulombschen Gesetz angezogen wird (Bild 8).

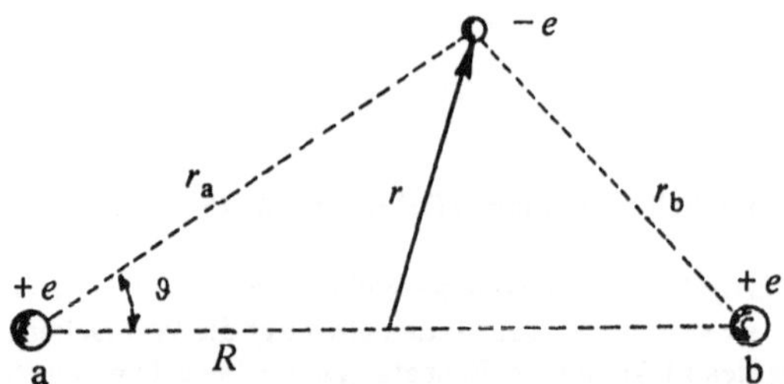

Bild 8 Das Wasserstoff-Molekülion. Das Elektron $-e$ wird durch die Coulombsche Anziehungskraft gleichermaßen von den Protonen a und b angezogen. Ist der Abstand R zwischen den Kernen sehr groß, dann tendiert das Elektron dazu, sich in die Nähe des einen oder des anderen dieser Kerne zu begeben, und das System kann als Wasserstoffatom mit isoliertem Proton beschrieben werden. Wird R kleiner (mit Kernabständen, die mit dem Bohrschen Durchmesser des Wasserstoffatoms vergleichbar sind), dann verhält es sich so, als ob sich das Elektron – sozusagen außerstande gesetzt, sich für eines der beiden Protonen zu entscheiden – für beide und also für die Zone in der Mitte des Moleküls entscheiden würde, dort, wo die elektrostatische Abschirmung der Abstoßkraft zwischen a und b am größten ist (aus G. Caglioti, loc. cit., Bild 6).

In Abwesenheit des Elektrons würden sich die beiden positiv geladenen Kerne abstoßen und könnten daher nicht die Bildung eines gebundenen Systems ermöglichen. Es ist deshalb das negativ geladene Elektron, dem die Verantwortung für die Bindung zwischen den beiden Atomen zukommt.

Es stellt sich nun die Frage, welche Position das Elektron einnehmen wird.

> „Willst du wissen, was ein Elektron tut, vergiß das Elektron und nimm an, an seiner Stelle sei eine Welle. Berechne, wohin sich die Welle bewegt, und dort wirst du das Elektron finden."

Diese Empfehlung, formuliert von Nevill Mott, ist äußerst wertvoll. Das quantentheoretische Problem der Lokalisierung eines Elektrons wird zurückgeführt auf das Problem der Berechnung einer Welle. Diese Berechnung kann durchgeführt werden, indem man die vertrauten Methoden der klassischen Mechanik oder des klassischen Elektromagnetismus heranzieht und eine Wellengleichung, die Schrödinger-Gleichung, löst. Die Berechnung kann jedoch umgangen werden, wenn man sich nur für die qualitativen Aspekte des Problems interessiert.

Das Konzept der Anwesenheit des Elektrons als Teilchen muß, wie gesagt, durch das Konzept der Welle, also einer sich räumlich und zeitlich ausbreitenden Schwingung, ersetzt werden. Um die Schwingung „sichtbar" zu machen, betrachten wir ein einfaches mechanisches Modell.

An die jeweils von den zwei Protonen besetzten Stellen (also dorthin, wo das Elektron am stärksten angezogen wird) hängen wir zwei Pendel. Das Elektron – wo auch immer es sich befindet – leitet zwischen den beiden Protonen eine Ankoppelung ein, indem es die gegenseitige Abstoßung verringert. Um dieser Tatsache Rechnung zu tragen, verbinden wir die zwei Pendel mit einer schwachen Feder (Bild 9).

Um jene Bereiche herauszufinden, in denen die Schwingungsamplitude am größten ist, müssen wir nun die Bewegung des obengenannten mechanischen Systems analysieren: Wo die Schwingung (d. h. die Welle) „groß" ist, dort soll sich das Elektron befinden.

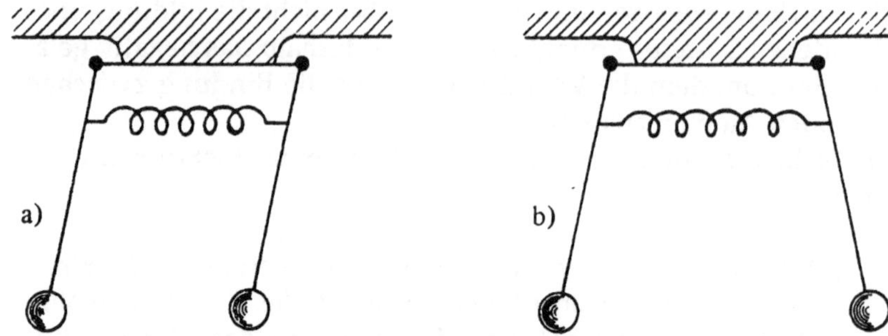

Bild 9 Die charakteristischen Schwingungsmoden eines Systems zweier mittels einer schwachen Feder gekoppelten Pendel. In der als *gerade* oder *symmetrisch* (g) bezeichneten Schwingungsform schwingen beide Pendel phasengleich mit der gleichen Frequenz ω_g; in der als *ungerade* oder *antisymmetrisch* (u) bezeichneten schwingen die Pendel mit der gleichen Frequenz ω_u, aber gegenphasig.

Die Methoden der klassischen Mechanik erlauben eine exakte Lösung dieses dynamischen Problems, für welches es zwei charakteristische bzw. Eigenschwingungen gibt: die *symmetrische* oder *gerade* Lösung ψ_g (Bild 9a) und die *antisymmetrische* oder *ungerade* Lösung ψ_u (Bild 9b). Diesen Schwingungsmodi entsprechen jeweils die Schwingungsfrequenzen ω_g bzw ω_u.

In der Schwingungsform „gerade" schwingen die zwei Pendel in Phase, beide mit der Frequenz ω_g; im Modus „ungerade" schwingen die Pendel in Gegenphase, beide mit der Frequenz ω_u, die etwas höher als ω_g ist.

Für einen Augenblick zum Wasserstoff-Molekülion und der Vorschrift von Nevill Mott zurückkehrend, müssen wir folgern, daß im Zustand ψ_g die Position des Elektrons nicht eindeutig festgelegt ist: *Das Elektron befindet sich um beide Protonen herum*, d. h. halb um Proton a in einem Zustand ähnlich dem Zustand $1s_a$ des Wasserstoffs, und halb um Proton b. Dies gilt in gleicher Weise für den Schwingungsmodus u und den ihm entsprechenden Elektronenzustand ψ_u.

Es existiert aber dennoch ein bemerkenswerter Unterschied zwischen den Modi g und u. Aufgrund der Antisymmetrie von u hat dessen Amplitude in der Mittelposition zwischen den beiden Pendeln den Wert Null. Anders gesagt, im Zustand ψ_u kann das Elektron mit Sicherheit *nicht* in der Mitte zwischen den beiden Protonen

aufgefunden werden. Es ist aber gerade in diesem Bereich auf
halbem Weg zwischen den zwei Protonen, wo die Abschirmung der
Abstoßkraft zwischen den Protonen durch das Elektron am wirk-
samsten wird: Im Zustand ψ_u erweist sich das Elektron als weniger
gebunden und die Kerne a und b weniger bindend als im Zustand
ψ_g.

Der Zustand ψ_g ist also der Grundzustand des Wasserstoff-
Molekülions. Es handelt sich um einen stationären, d. h. zeitunabhängigen Zustand, in dem das Elektron, wie gesagt, *immer* halb im
Umkreis von a, halb in dem von b und vor allem auf halbem Weg
zwischen den beiden Protonen zu finden ist. Und dies ist eine stra-
tegische Position, in der das Elektron am meisten von der Coulombschen Anziehung seitens der Protonen profitieren und deswegen
wirksamer als woanders seiner Aufgabe als „Bindemittel" im Molekül nachkommen kann.

Bei der Bildung der chemischen Bindung spielt die Energie eine
wichtige Rolle, vor allem in Hinblick auf die Verteilung der Energieniveaus der einzelnen Molekülzustände.

Es muß vorausgesetzt werden, daß beim Übergang vom mechanischen Modell des Doppelpendels zum zweiatomigen Molekül das
Analogon zur Schwingungsfrequenz (ω_g bzw. ω_u) die Energie der
den Zuständen ψ_g oder ψ_u zugeordneten Niveaus ist, d. h. E_g bzw.
E_u (Bild 10).

Ist der Abstand R zwischen den beiden Protonen groß, tendiert
das Elektron in Richtung des einen oder des anderen Protons, so,
wie es durch die Wasserstoff-Wellenfunktion $\psi(1s_a) \equiv \psi_a$ bzw. $\psi(1s_b)$
$\equiv \psi_b$ beschrieben wird (siehe dazu Bilder 6 und 7). Die Energie des

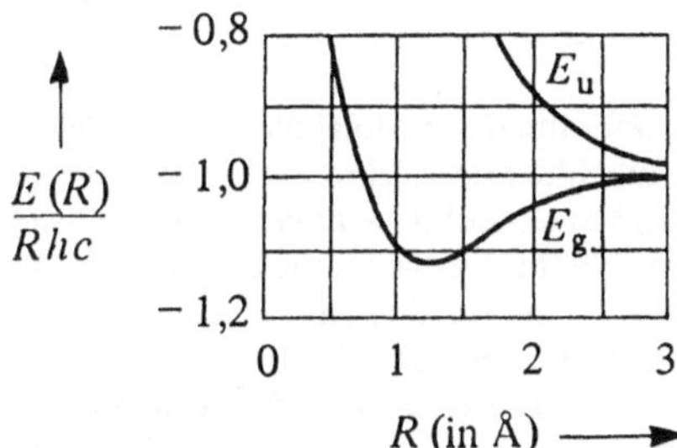

Bild 10 Die Energieniveaus E_g und E_u des Wasserstoff-Molekülions in Abhängigkeit
vom Kernabstand R (Quelle wie Bild 6).

Gesamtsystems ist in diesem Fall gleich der Energie E_1 des Wasserstoffatoms im Grundzustand: Das andere Proton befindet sich in großer Entfernung, und die von ihm im Wasserstoffatom ausgelöste Störung kann man unberücksichtigt lassen. Wird R jedoch kleiner und nimmt dabei Werte an, die mit den Dimensionen des Atomorbitals vergleichbar sind, das zur energetischen Grundstufe gehört (de facto handelt es sich um ein paar Ångström, $1\,\text{Å} = 10^{-10}\,\text{m}$), dann wird das System einer grundlegenden Änderung unterzogen. Dem Elektron bietet sich eine neue Möglichkeit, nämlich die, sich in den Bereich des anderen Protons zu begeben. Das ursprüngliche Energieniveau des Systems, E_1, spaltet sich also in zwei Niveaus auf: E_u und E_g – oder in der Sprache der Physik ausgedrückt: Aus den beiden ursprünglichen 1s-Atomorbitalen der Atome a und b entstehen durch Linearkombination zwei Molekülorbitale – ein bindendes, ψ_g, das dem niedrigeren Energieniveau E_g entspricht, und ein antibindendes, ψ_u, das dem höheren Energieniveau E_u zugeordnet ist (Bild 11).

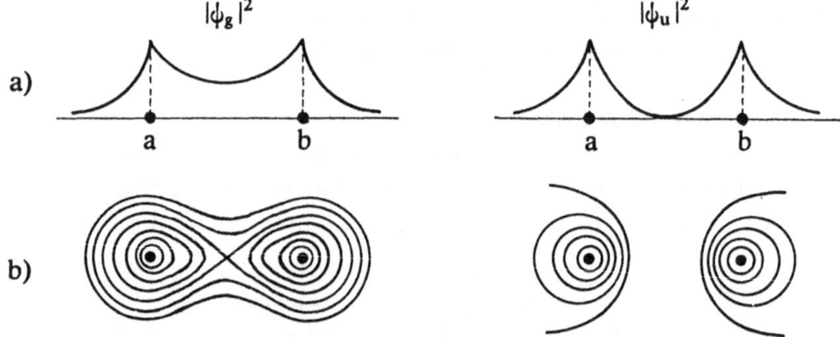

Bild 11 Bindendes und antibindendes Molekülorbital des Wasserstoff-Molekülions. a) Aufenthaltswahrscheinlichkeit des Elektrons im Einheitsvolumen des bindenden (g) und antibindenden (u) Molekülorbitals für einen Kernabstand $R = 1{,}06\,\text{Å}$, gezeichnet für den Grundzustand des Moleküls. b) Wie bei die Höhenlinien einer Landkarte repräsentieren die Kurven Linien gleicher Aufenthaltswahrscheinlichkeitsdichte des Elektrons in einer Schnittfläche des Orbitals, die die Molekülachse enthält. Für das bindende Orbital ist diese Wahrscheinlichkeitsdichte im mittleren Bereich (zwischen den Kernen) relativ hoch; im antibindenden Orbital wird sie dagegen auf der Symmetrieebene senkrecht zur Molekülachse (zwischen den Kernen) praktisch Null (Quelle wie Bild 6).

44

In Analogie zu der für das Atom gegebenen Darstellung ist das Molekülorbital ein Raum, der von einer Oberfläche begrenzt wird, über der das Betragsquadrat der Zustandsfunktion des für die Bindung im Molekül zuständigen Elektrons konstant ist; im Innern des Molekülorbitals ist das Betragsquadrat der Wellenfunktion – und mit ihm die Aufenthaltswahrscheinlichkeitsdichte des Elektrons – relativ hoch. Das Molekülorbital stellt daher einen räumlichen Bereich dar, von dem man mit begründeter Sicherheit behaupten kann, daß in seinem Innern ein Elektron anzutreffen ist. Dem bindenden Orbital ist, wie oben schon gesagt, eine Energie zugeordnet, die niedrigerer als die des antibindenden Zustandes ist und die zugleich auch gegenüber der Energie E_1 des isolierten Wasserstoffatoms abgesenkt ist; die Energie des *bindenden Molekülorbitals* ist also *niedriger als die der nicht miteinander in Wechselwirkung stehenden Struktureinheiten* (deren Abstand relativ groß im Vergleich zum Atomradius ist). Das bindende Orbital entpuppt sich dementsprechend als das geeignetere für die Aufnahme des Elektrons, welches sich zwischen den beiden Protonen verteilen muß; man spricht von einer *kovalenten Bindung*. Im bindenden Molekülorbital ist die elektrische Abstoßung der beiden positiv geladenen Kernen, die einen Gleichgewichtsabstand von 1,06 Å einnehmen, durch die negative Ladung des Elektrons wirksam abgeschirmt, wodurch das Minimum der Energie des Systems (2 Protonen + 1 Elektron) herbeigeführt wird. Im bindenden Orbital befindet sich das Elektron im statischen Gleichgewicht, *immer* jeweils halb und halb bei jedem der beiden Protonen.

Im Gegensatz dazu kann das vom antibindenden Orbital ψ_u beschriebene Elektron mit hoher Wahrscheinlichkeit nur außerhalb des Bereichs zwischen den Kernen angetroffen werden: Es kann beispielsweise nicht in der Symmetrieebene senkrecht zur Molekülachse anwesend sein: Dort ist die Wellenfunktion Null. Dies ist der Grund, warum das Energieniveau E_g des bindenden Orbitals niedriger als jenes des antibindenden Orbitals, E_u, liegt.

Im folgenden Abschnitt wird untersucht, in welcher Weise ein elektromagnetisches Feld im Wasserstoff-Molekülion eine Störung verursacht, indem es die Symmetrie bricht und dadurch das dynamische Verhalten des Molekülions verändert.

2.3 Binäre Strukturen: Dynamik der Elektronen in den Molekülen

Im vorangegangenen Abschnitt haben wir die Zustandsfunktionen und Energieniveaus des Wasserstoff-Molekülions betrachtet, das durch keinerlei Störung beeinflußt wird. Würden wir an dieser Stelle die Diskussion der kovalenten Bindung im Molekül abbrechen, verbliebe der Eindruck, daß die Atome durch ihre Vereinigung in den Molekülen Anordnungsmuster unzerstörbarer Stabilität bilden würden. In der Tat könnte man (in gewissen Grenzen) beim Wasserstoff-Molekülion diesen Eindruck gewinnen: Für die im bindenden Orbital kovalent gebundenen Elektronen scheint die Alternative des antibindenden Orbitals ausgeschlossen. Bei Raumtemperatur (ca. 300 K) ist die durchschnittliche Energie der Photonen thermischer Strahlung ungefähr 25 meV (dies ist das Produkt aus Boltzmann-Konstante und Temperatur, $k_B T$). Diese Energie ist zu niedrig, um den elektronischen Sprung vom niedrigeren Energieniveaus E_g auf das höhere Energieniveau E_u auslösen zu können: Diese Niveaus sind voneinander durch eine Energielücke $E_u - E_g$ von einigen eV getrennt, die zu hoch erscheint, um eine Vermischung der entsprechenden bindenden und antibindenden Molekülorbitale zuzulassen (Bild 10).

Wie aber verhält es sich in anderen binären Strukturen wie zum Beispiel im Ammoniakmolekül, wo die Differenz $E_u - E_g$ vergleichbar mit der thermischen Energie oder sogar niedriger als diese ist? Was geschähe mit dem Wasserstoff-Molekülion, wenn es statt ins Vakuum in ein elektromagnetisches Feld gebracht würde, dessen Frequenz genau der des Bohrschen Übergangs, also $(E_u - E_g)/h$, entspricht?

Mit diesen Fragen haben wir ein typisches Problem der spektroskopischen Analyse molekularer Strukturen formuliert. Versuchen wir darauf eine Antwort zu finden, indem wir uns des Rezepts von Mott bedienen, d. h. also auf die Analogie zurückgreifen, die zwischen der Anwesenheit des Elektrons und der durch zwei aneinandergekoppelte Pendel verursachten Schwingungen des mechanischen Systems besteht (siehe vorhergehenden Abschnitt).

Nehmen wir aber gleich ein Resultat vorweg (Bild 12). Bei Vorliegen eines elektromagnetischen Feldes, dessen Frequenz genau der Energiedifferenz $E_u - E_g$ entspricht, ist einem anfänglich vom sym-

46

metrischen Orbital beschriebenen Elektron nicht mehr die Alternative des Übergangs zum antisymmetrischen Molekülorbital versperrt: Es ist etwa so, als wenn wir uns in einem durch mehrere Auswahlmöglichkeiten verursachten Entscheidungsdilemma befinden, welches in uns Unentschlossenheit und Anspannung hervorruft, die schließlich zu der für eine doppeldeutige Situation typischen Dynamik führen.

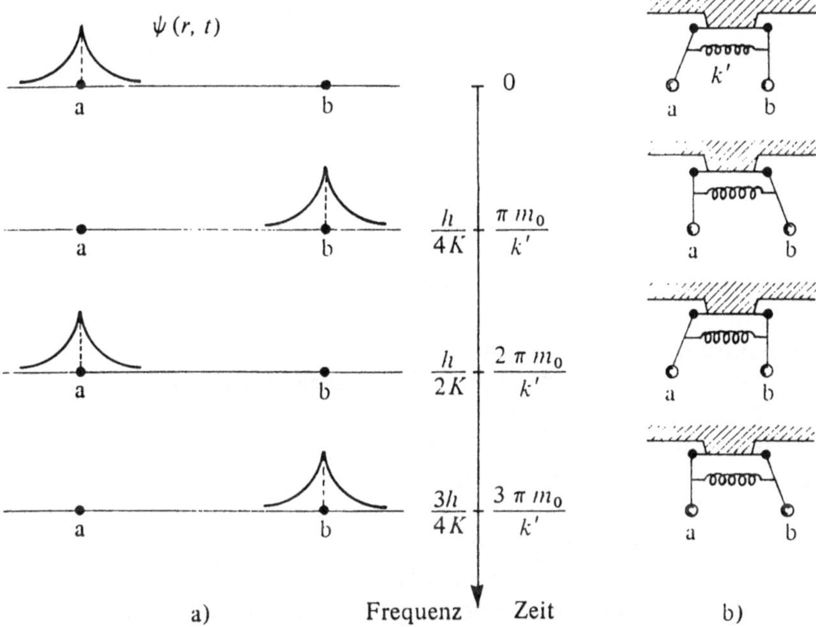

Bild 12 a) Der nichtstationäre Zustand $\psi\,(r,\,t)$ des Elektrons des Wasserstoff-Molekülions. Bei Vorliegen einer geeigneten Strahlung, die in der Lage ist, die Symmetrie zu brechen (siehe Kapitel 3) und die beiden stationären Zustände ψ_g (bindend) und ψ_u (antibindend) zu koppeln, kann dieser Zustand durch eine Linearkombination des Typs $\psi_g + \psi_u$ bzw. $\psi_g - \psi_u$ beschrieben werden. Dieser Zustand beschreibt das Elektron, das periodisch in der Zeit vom Wasserstoffzustand ψ_a zum Zustand ψ_b und umgekehrt mit einer Frequenz $(E_u - E_g)/h$ übergeht. (K steht für $(E_g - E_u)/2$).
b) Die Schwingungsamplitude in einem gekoppelten Doppelpendel. Die Schwingung geht periodisch in der Zeit vom Pendel a zum Pendel b und umgekehrt, mit einer Frequenz, die von der Feder bestimmt ist, mit der die Pendel aneinandergekoppelt sind. Die Aufenthaltswahrscheinlichkeitsdichte $|\psi\,(r,\,t)|^2$ und das Betragsquadrat der Amplitude des Doppelpendels entsprechen einander (Quelle wie Bild 6).

Die stationären Zustände ψ_g und ψ_u, die ohne Strahlung nicht miteinander vermischbar waren, vermischen sich und legen damit Zustände des Typs $(\psi_g + \psi_u)$ und $(\psi_g - \psi_u)$ – sogenannte Linearkombinationen – fest, die nicht mehr symmetrisch und nicht mehr stationär sind. Für ein durch diese zwei Zustände beschriebenes Elektron entwickelt sich die Situation so, als würde es in periodischen Abständen zwischen dem Proton a und dem Proton b hin- und herwandern, mit einer Frequenz, die genau gleich der Frequenz $(E_u - E_g)/h$ der Resonanzstrahlung ist. Mit anderen Worten, ein Elektron, beschrieben zum Beispiel durch den Zustand $(\psi_g + \psi_u)$, verhält sich so, als ob es sich – anfänglich im Bereich des Protons a im Wasserstoff-Zustand ψ_g – in einem Zeitraum $h/[2\,(E_u - E_g)]$ in den Bereich des Protons b im Wasserstoff-Zustand ψ_b begeben würde, um dann neuerlich zurückzukehren und wieder den Zustand ψ_a zur Zeit $h/(E_u - E_g)$ anzunehmen.

Dieses Resonanzverhalten des Elektrons kann nur – und man tut gut daran, nochmals darauf hinzuweisen – aufgrund einer von außen verursachten Symmetriebrechung zustandekommen. Um die Mechanismen besser zu verstehen, die das Elektron bei der Symmetriebrechung von einem zentralsymmetrischen stationären in einen Resonanzzustand überführen, greifen wir nochmal auf das Doppelpendel als mechanisches Analogon zurück.

Die zentralsymmetrischen Schwingungsmoden g und u (Bild 9) stellen nicht die einzigen Bewegungsformen dar, auch wenn sie charakteristisch für die Dynamik dieser mechanischen Struktur sind. Oder besser gesagt: Sie sind die Basis zur Beschreibung aller möglichen Bewegungsformen. Formal stellt nämlich jede Linearkombination von g und u eine mögliche Bewegungsform der Struktur dar. Diese Linearkombinationen auf reale Situationen von praktischer Bedeutung zu beziehen, ist jedoch nur dann sinnvoll, wenn wir es mit äußerer Einwirkung (auf atomarer Ebene: mit äußerer Strahlung) zu tun haben, die imstande ist, die Symmetrie zu brechen.

In Wirklichkeit ist eine Kopplung von g und u bzw. der zentralsymmetrischen stationären Zustände ψ_g und ψ_u lediglich im Falle einer Symmetriebrechung möglich, die beispielsweise ein „Aufschaukeln", ein Erzwingen, der Schwingung durch Pendel a hervorruft.

Unter den möglichen Linearkombinationen sind vor allem jene
des Typs g + u und g – u wichtig: Diese legen Bewegungsmodi fest,
die nicht zentralsymmetrisch und nicht stationär sind und deren
Frequenz nicht mehr konstant ist. Im Bewegungszustand g + u bzw.
g – u ist die Schwingung zu Beginn an das Pendel a bzw. b gebunden; sie neigt dann dazu, sich auf beide Pendel zu verteilen; aber
nach einer gewissen Zeitspanne, die um so kürzer ist, je straffer die
Kopplungsfeder ist, geht die Schwingung ganz auf das Pendel b
bzw. a über, um sich dann neuerlich auf a bzw. b zu konzentrieren
und so fort. Dieser resonante Schwingungswechsel zwischen a und
b heißt Schwebung. (Dieses Phänomen wird beispielsweise beim
Spielen der Viola d'amore ausgenutzt: die Resonanzsaiten schwingen mit.)

Wie weiter oben schon angedeutet wurde, entspricht der mechanischen Schwebung im atomaren Maßstab eine spektroskopische
Linie bzw. eine elektromagnetische Resonanzstrahlung, die mit der
periodischen Überführung der Elektronenladung von einem Atom
zum andern einhergeht.

Die bisher genannten Ergebnisse bezüglich der Dynamik des
Elektrons im Wasserstoff-Molekülions müssen cum grano salis genommen werden, insofern als dieses Molekül im Zustand ψ_u insta-
bil ist und die Tendenz hat, zu dissoziieren. Sie können jedoch auf
das Wasserstoffmolekül angewandt oder auf andere binäre Strukturen ausgeweitet werden.

Wir denken zum Beispiel an das Ammoniakmolekül. Dieses Molekül hat die Struktur eines umkehrbaren Schirms[2].

$$N \overset{\cdots}{\underset{\cdots}{\longleftrightarrow}} \overset{H}{\underset{H}{H}} N$$

---

[2] Es mag befremdlich erscheinen, Bindungen zwischen Atomen punktiert
darzustellen, um damit anzuzeigen, daß man sie in der üblicherweise in der Form
$N \overset{H}{\underset{H}{\lessgtr H}}$ dargestellten Struktur als nur halb realisiert aufzufassen hat. Im stationären Grundzustand eines Ammoniakmoleküls jedoch ist die Position des Stick-
stoffs streng genommen zur Hälfte links und zur Hälfte rechts der durch die drei
Wasserstoffatome definierten Ebene erstarrt: Das Ammoniakmolekül besitzt in
Wirklichkeit nicht das elektrische Dipolmoment, und der in Tabellen angegebene
Wert von 1,48 D = 4,89 Cm „gibt das Dipolmoment der pyramidalen Konfiguration des NH_3-Moleküls an, welches existieren würde, wenn diese Konfiguration
statisch wäre" (Pantell und Puthoff, 1969).

Es entsteht der Eindruck, als wäre der Stickstoff darin unsicher bezüglich der beiden Positionen links oder rechts der Ebene der drei Wasserstoffatome (Bild 13), und darüber hinaus ist die Energielücke $E_u - E_g$ in bezug auf den symmetrischen und antisymmetrischen Zustand des Stickstoffs klein (ca. 10^{-4} eV) im Vergleich zur thermischen Energie $k_B T$ (ca. $250 \cdot 10^{-4}$ eV).

Wir können des weiteren einige Farbstoffmoleküle behandeln, die einem elektromagnetischen Feld mit geeigneter Frequenz ausgesetzt sind. Für diese kann – wie wir im folgenden noch genauer sehen werden – der Energiesprung $E_u - E_g$ anstatt thermisch nur spektroskopisch überbrückt werden, indem man nämlich elektromagnetische Strahlung benützt, deren Frequenz v, multipliziert mit der Planckschen Konstante h, genau gleich der genannten Energielücke ist (Resonanzbedingung). Diese Strahlung kann dann vom Molekül absorbiert (oder auch emittiert) werden und spektroskopische Effekte hervorrufen; auch die Farbigkeit einer Substanz beruht hierauf.

Im folgenden betrachten wir jedoch – der Einfachtheit halber – das Wasserstoffmolekül (es hat im Unterschied zum Wasserstoff-Molekülion zwei Elektronen und ist elektrisch neutral). In diesem Molekül sind die zwei Elektronen normalerweise im bindenden Molekülorbital im Grundniveau E_g anzufinden. Strahlt man jedoch die „passende" Strahlung der Frequenz $(E_u - E_g)/h$ ein, kann eines der Elektronen auf das (höhere) Energieniveau E_u „springen". Der weitere Verlauf ist dann so, als ob *während* der Absorption (gefolgt von der Re-Emission) der Strahlung die Wellenfunktion jenes Elektrons effektiv durch eine Linearkombination stationärer Zustände des Typs $\psi_g + \psi_u$ (oder $\psi_g - \psi_u$) beschrieben würde: Das Elektron, angekoppelt von der Strahlungseinwirkung, pendelt, wie schon beschrieben, zwischen dem Proton a und dem Proton b des Moleküls hin und her; dies führt zum Charge-transfer-Spektrum (Herzberg, 1950).

Wie man sich das Wasserstoffmolekül durch Annäherung der Atome und nachfolgende „gemeinsame Verwendung" der beiden Elektronen in der Bindung hervorgebracht denken kann, so kann man eine doppeldeutige (ambige) Form erhalten, indem man deren Struktureinheiten miteinander in Kontakt bringt, daß sie einen Teil gemeinsam haben. So können wir zum Beispiel in der „graphischen

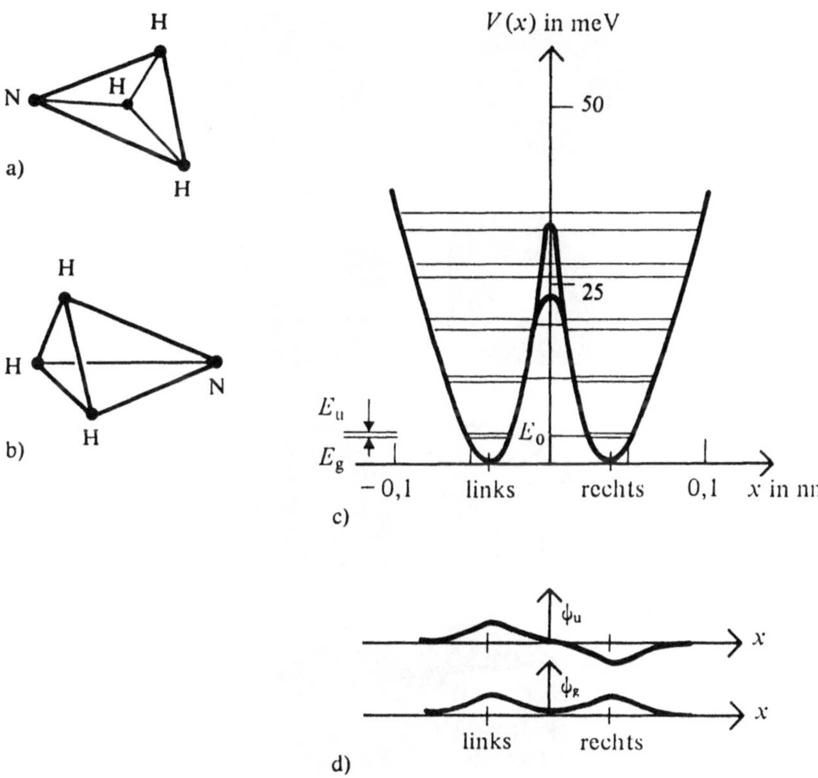

Bild 13 a) und b): Das Ammoniakmolekül NH_3. In c) ist sowohl die potentiellen Energie für den Stickstoff längs der Molekülachse diesseits und jenseits der von den drei Wasserstoffatomen gebildeten Ebene dargestellt als auch die Energieniveaus E_g und E_u der stationären Zustände ψ_g und ψ_u. In d) ist der Amplitudenverlauf der Aufenthaltswahrscheinlichkeitsdichte des Stickstoffs längs der Molekülachse in den stationären Zuständen ψ_g und ψ_u illustriert. Mit ihrem Betragsquadrat $|\psi_g|^2$ und $|\psi_u|^2$ liefern sie ein Maß für die Wahrscheinlichkeit, mit der der Stickstoff (jeweils von den Zuständen ψ_g und ψ_u beschrieben) an einem beliebigen Punkt auf der Molekülachse auffindbar ist. Der Zustand ψ_g (gerade) ist symmetrisch, der Zustand ψ_u (ungerade) antisymmetrisch. Stets jedoch, in dem einen oder dem anderen der beiden Zustände, verteilt sich die Aufenthaltswahrscheinlichkeit des Stickstoffs zur Hälfte links, zur Hälfte rechts von der durch die drei Wasserstoffatome aufgespannten Ebene (nach G. Caglioti, Annuario EST Mondadori 1983, S. 336).

Tafel IV F. Grignani, Graphische Verschmelzung

52

Verschmelzung" (Tafel IV) die angrenzenden Wände der zwei würfelförmigen Elemente, die sich dann zu einer Fläche verbinden, als Analogon zu den Elektronen des Wasserstoffmoleküls betrachten. Die innere Mittelwand ist so konstruiert, daß sie immer (stationär) halb zum linken, halb zum rechten Element zu gehören scheint. In einem günstigen Augenblick wahrgenommen, scheint sie jedoch zuerst zum einen, dann zum andern, dann wieder zum ersten Element zu gehören. Sie scheint auf diese Weise zwischen den beiden Elementen hin und her zu pendeln, was einem dynamischen Wechsel der Perspektive gleichkommt: Die Faszination der doppeldeutigen Formen rührt wahrscheinlich von diesen dynamischen Effekten her, verursacht durch die Spannung ihrer Widersprüche.

Es bleibt noch hinzuzufügen, daß die Renonanzfrequenz, mit der die gemeinsame Wand zwischen den zwei Würfeln hin- und herspringt, nicht nur von den morphologischen Wechselwirkungen zwischen den graphischen Zeichen abhängt, die der Künstler oder Designer in die Figur eingebaut hat, sondern auch vom Beobachter: Letztlich ist es der Betrachter, der diese „Perspektivenwechsel" neurophysiologisch durchführt.

Wir werden uns im Abschnitt 2.4 und in den Kapiteln 3 und 5 weiter mit diesem Aspekt beschäftigen.

2.4 Binäre Strukturen und Informationsbegriff

Dieser Abschnitt ist einer ersten Klärung des Informationsbegriffs gewidmet. Gemeinsam mit den Substanzen und der Energie bildet die Information einen grundlegenden Aspekt von Naturwissenschaft und Technik. Sie spielt eine wesentliche Rolle in den Entwicklungsprozessen aller Systeme, die sich aus miteinander in Wechselwirkung stehenden Bestandteilen zusammensetzen, einschließlich der biologischen Systeme und der organisierten Gesellschaftsformen.

Der Begriff der Information ist heikel. Schon seine Definition hat Polemiken verursacht: Information als *Entropie* (Shannon, von Neumann, 1948); Information als *Beseitigung von Ungewißheit* oder *Verringerung von Entropie* oder *Neg-Entropie* (Brillouin, 1956); als gespeicherte Information bei Brillouin oder als *Redundanz* bei Shannon, begriffen als *Fähigkeit, Bedeutung zu speichern und weiterzugeben* (Gatlin, 1972); Information und Entropie als *zwei völlig verschiedene, nur durch eine formale Beziehung mathematischer Natur miteinander verbundene Begriffe* (Fast, 1970); Information als *Ordnungsgrad* einer Struktur (Monod, 1970). Auf einige dieser Definitionen kommen wir im Kapitel 4 zurück.

Betrachten wir nun noch einmal (Tafel IV) den Prozeß der „graphischen Verschmelzung" der beiden anfänglich getrennten und dann in der binären Struktur von Grignani ineinander verfließenden würfelförmigen Elemente. Diese beiden Elemente sind zentralsymmetrisch.

Die Symmetrie bleibt im System der zwei Würfelelemente auch dann erhalten, wenn diese miteinander in Kontakt gebracht werden und sich also, um es so auszudrücken, ihre Wechselwirkung durch die gemeinsame Wand ergibt.

An diesem Punkt nimmt man, wie schon im vorigen Abschnitt erwähnt, eine verwirrende Tatsache wahr: Betrachtet man die vereinten Elemente ausreichend lang, scheint sich plötzlich eine gewisse Unsicherheit breit zu machen: Zu welchem der beiden Elemente gehört eigentlich die innere Mittelwand? Fast wie bei unsicheren Schiedsrichtern in einem Streit zwischen Nachbarn besteht die Beseitigung dieser Ungewißheit in einer Behauptung: Die innere Wand gehört zum linken Würfel!, oder: Die innere Wand gehört zum rechten Würfel! Die Beseitigung der Ungewißheit erfolgt in Übereinstimmung mit der Information, die wir aus der der Struktur zugewiesenen Ordnung erhalten. (Es besteht ein Vorzeichenunterschied zwischen den von Shannon und Brillouin vorgeschlagenen Definitionen der Information: Die Redundanz bzw. Beseitigung oder *Verringerung der* (Informations-) *Entropie* von Shannon *deckt sich* mit dem Informationsbegriff von Brillouin).

In der binären Struktur von Tafel IV kann der Informationszuwachs, der der Verringerung der ursprünglichen Ungewißheit S bezüglich der zwei Möglichkeiten „links" (l) und „rechts" (r) entspricht, als die Einheit der Information betrachtet werden: Er ist gleich einem *bit* (binary digit), und es genügt folglich ein bit, um l oder r zu wählen.

In einem aus zwei binären Strukturen bestehenden komplexeren System wie jenem von Tafel III verdoppelt sich das anfangs in den zwei Strukturen enthaltene Maß an *Ungewißheit* (potentielle Information, Informations-Entropie), und ebenso ist die Anzahl W der

Auswahlmöglichkeiten doppelt so hoch. Es lassen sich also vier Möglichkeiten (Konfigurationen, Mikrozustände) denken: *ll* (die Elemente, die den Einheiten der ersten und jenen der zweiten Struktur gemeinsam sind, begeben sich alle nach links), *lr* (das den Einheiten der ersten Struktur gemeinsame Element geht nach links, jenes der Einheiten der zweiten Struktur nach rechts), *rl* und *rr*. Doppelt so hoch ist demnach auch die dem System zu entnehmende Information; zur Festlegung seines Anordnungsmusters sind zwei bit erforderlich.

Es ist an diesem Punkt nur natürlich anzunehmen, daß die Zunahme der Ungewißheit S in einem System aus drei Binärstrukturen dreimal so hoch wie in einer einfachen Binärstruktur ist. Es ergibt sich jedoch eine Schwierigkeit aus der Tatsache, daß die möglichen Konfigurationen nunmehr acht sind:

3. bit	↓	2. bit	1. bit
lll;	*lrl;*	*rll, rrl;*	*llr, lrr, rlr, rrr,*

Tatsächlich genügen aber drei bit, um jede Ungewißheit auszuschalten. Entscheidet man sich zum Beispiel für die zweite Konfiguration, reicht ein bit (das 1. bit in der Skizze), um die weiteren vier Konfigurationen auszuschließen (z. B.:„der rechte Buchstabe darf kein *r* sein"); es bedarf eines zweiten bit, um die dritte und die vierte der verbleibenden Konfigurationen zu eliminieren, und eines dritten, um die erste der beiden verbliebenen auszusondern.

(Wer noch Zweifel hat, versetze sich in die Rolle dessen, der das Achtel-, das Viertel-, das Semifinale und das Finale eines Fußball- oder Tennis-Turniers organisieren muß.)

Im allgemeinen geht man von der Erwartung aus, daß

- das Ansteigen der in einer Struktur enthaltenen Ungewißheit sich mit der Anzahl der Konfigurationen erhöht;
- für eine komplexe Struktur, gebildet aus der Zusammensetzung zweier oder mehrerer Strukturen, die Gesamtungewißheit gleich der *Summe* der Ungewißheiten der einzelnen Strukturen ist;
- die Zahl W der Konfigurationen der komplexen Struktur mit dem *Produkt* der Anzahl der Konfigurationen der einzelnen Strukturen, aus denen sie sich zusammensetzt, ansteigt.

Was bisher hinsichtlich der Relation zwischen der Ungewißheit S (ausgedrückt in der Anzahl der binären Auswahlschritte oder bit) einerseits und der Zahl der Konfigurationen W (über welche die genannten Binärschritte laufen können, um die Ungewißheit auf Null zu reduzieren) andererseits gesagt wurde, ist in Tabelle 1 veranschaulicht. Die Tabelle zeigt, daß die Anzahl der Konfigurationen geometrisch, die der entsprechenden Ungewißheit nur linear anwächst:

$$S = \log_2 W$$

Diese Funktion ist in Bild 14 graphisch dargestellt. Zum Beispiel beträgt für eine binäre Struktur mit $W = 2$ (wie *rechts* bzw. *links* in Tafel II) die Ungewißheit oder Informations-Entropie genau Eins ($S = \log_2 2 = 1$). Die Beseitigung der Ungewißheit besteht darin, daß man die Struktur festlegt, indem man ihr die Anordnung l (oder r) zuschreibt. In diesem elementaren Fall ist die Beseitigung der Ungewißheit vollständig. Begleitet wird sie von einer Entropieabnahme vom Anfangswert $S_{\text{Anfang}} = \log_2 2 = 1$ zum Endwert $S_{\text{End}} = \log_2 1 = 0$.

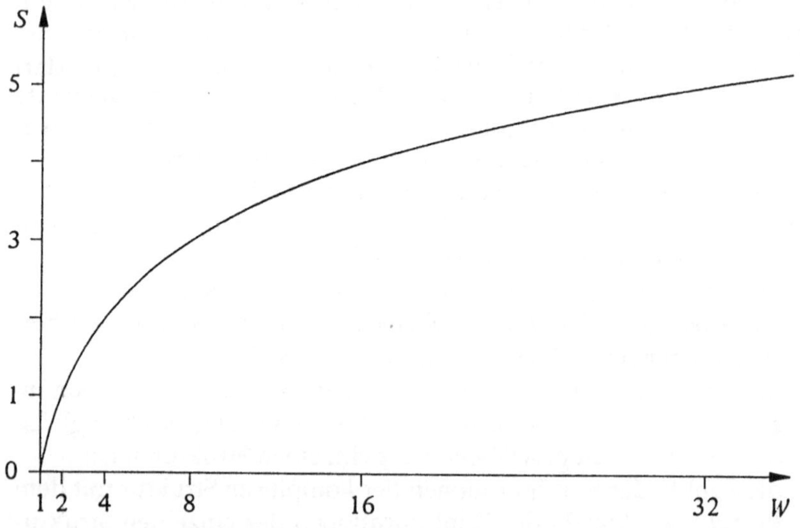

Bild 14 Zusammenhang zwischen der Ungewißheit (oder Informations-Entropie) S und der Zahl W der unterscheidbaren Konfigurationen.

56

Die Entropiedifferenz ist also

$$\Delta S = S_{End} - S_{Anfang} = 0 - 1 = -1.$$

vor. Die Information, latent oder potentiell in der indifferenten Anfangsanordnung enthalten, offenbart sich im geordneten Endzustand. Der negative Entropiezuwachs bei der Beseitigung der Ungewißheit nährt den Zuwachs an Ordnung in der Schlußanordnung:

$$\Delta I = - (S_{End} - S_{Anfang}) = + 1,$$

oder allgemein

$$\Delta I = - \Delta S.$$

Tabelle 1 Zusammenhang zwischen der Ungewißheit (angegeben in der Anzahl der binären Auswahlschritte) und der Zahl der Konfigurationen

Ungewißheit S (bit)	Anzahl W der Konfigurationen
1	2
2	4
3	8
4	16
$\vdots$	$\vdots$
n	2^n
$\vdots$	$\vdots$

Die *Information* (von Shannon) entspricht der *negativen Informations-Entropie* oder *Neg-Entropie* (von Brillouin): Alles das, was man nicht weiß, wird zu Ungewißheit (Unordnung oder Entropie).

Die Anfangsinformation, erhältlich aus der elementaren Alternative l (oder r) bildet in der elementaren binären Struktur (Tafel II) die Informationseinheit, das bit.

Kehren wir nun zur Beziehung zwischen der Shannonschen Informations-Entropie und der Zahl W der Konfigurationen zurück. Diese Beziehung gleicht formal der von Boltzmann eingeführten thermodynamischen Funktion

$$S = k_B \ln W.$$

Sie definiert die Entropie S, d. h. die Unordnung oder Ungewißheit z. B. in bezug auf das Anordnungsmuster eines im Gleichgewicht befindlichen physikalisch-chemischen Systems mittels der Zahl W der Konfigurationen dieses Systems (k_B ist die Boltzmann-Konstante). Brillouin identifiziert diese Entropie bezüglich der Anordnungsmuster physikalisch-chemischer Systeme mit der Informations-Entropie (Kapitel 4). Demnach entspricht einem bit eine Größe von $k_B \ln 2 = 0{,}96 \cdot 10^{-23}$ J $\cdot$ K^{-1}.

Diesem Ansatz folgend heißt das konkret, daß man bei der Temperatur T für den Erhalt eines bit eine Energie nicht niedriger als $kT \cdot \ln 2$ aufbringen. Der Wert dieser Größe ist, bei Raumtemperatur, äußerst bescheiden, nämlich 10^{-27} J. (Dieser Umstand war möglicherweise nicht irrelevant für die Entwicklung der dezentralisierten Informatik und damit der postindustriellen Gesellschaft.)

Wir werden uns später wieder den Begriffen Entropie oder Unordnung, Information, Ordnung und Organisation zuwenden. – Kehren wir wieder zu Tafel IV zurück, wobei an dieser Stelle folgender Hinweis angebracht scheint: Anscheinend kommt es in der Struktur in dem Augenblick, in dem sie sich ordnet – wenn also der Betrachter entscheiden muß, die mittlere Wand z. B. dem linken Element zuzuordnen –, zu einer *Symmetriebrechung*. Und doch sollte die Symmetrie systembedingt in der Struktur erhalten bleiben.

Es verhält sich also so, als ob der Akt des Wahrnehmens der Struktur bzw. des Erwerbs von Information über die Struktur eine qualitative Veränderung in der Symmetrie des Zustandes dieser Struktur hervorrufen würde.

In dieser Unmöglichkeit, eine doppeldeutige Struktur zu beobachten, ohne deren ursprünglichen Zustand zu stören, scheint sich eine Situation herauszukristallisieren, die jener der spektroskopischen Beobachtung oder Messung von Quantenphänomenen gleicht. Die Quantenstrukturen sind uns zugänglich mittels unserer Kenntnis ihrer stationären Zustände. Per definitionem handelt es sich dabei um Zustände, in denen nichts passiert und die daher von ihrem Wesen her zeitunabhängig sind. Aber andererseits sind sie nur zugänglich mittels irreversibler Verfahren, die zeitlich gebundene spektroskopische Übergänge erzeugen und die Energieniveaus eben jener Zustände miteinander verbinden. Anders ausgedrückt, die spektroskopische Beobachtung beseitigt den stationären Zustand der Struktur und bricht deren Symmetrie. Wie die Wahrnehmung einer doppeldeutigen Struktur, so ist auch die spektroskopische Beobachtung ein irreversibler Vorgang, unvereinbar mit dem stationären Charakter der Zustände, durch welche die Struktur beschrieben ist. Um auf intuitiver Ebene jene Doppeldeutigkeit zu erfassen, die mit dem Erwerb der Kenntnis einer Quantenstruktur verbunden ist, erscheint die Umgangssprache als nicht ausreichend: Es ist deshalb vielleicht am günstigsten, eine Anleihe bei der Sprache der Graphik zu machen, die sich unserem bildhaften Denken bei der Wahrnehmung doppeldeutiger Strukturen anbietet (vgl. dazu den Exkurs am Ende des Kapitels).

Es scheint also eine Analogie vorzuliegen zwischen dem dynamischen Verhalten einer Quantenstruktur (wie z. B. des Wasserstoffmoleküls) unter Einwirkung elektromagnetischer Strahlung der Resonanzfrequenz einerseits und der Dynamik in der Wahrnehmung einer doppeldeutigen Figur jenseits einer bestimmten Konzentrationsschwelle des Betrachters andererseits. – Auf diese Analogie werden wir im Kapitel 5 noch einmal zurückkommen.

Exkurs
Symmetrie, Information und Doppeldeutigkeit in der Physik und im Design

Es war einmal ein Rabbiner, von dem es hieß, er könne in den Geist der Menschen hineinsehen und ihre Gedanken lesen. Ein Knabe kam zu ihm und sagte: „Rabbi, in meiner Hand habe ich einen Schmetterling. Lebt er oder ist er tot?". Bei sich dachte er jedoch: „Sagt er, daß er tot ist, öffne ich die Hand und lasse ihn wegfliegen, ganz hoch hinauf; sagt er, daß er lebt, zerquetsche ich den Schmetterling gleich und zeige ihm, daß er tot ist." Dann wiederholte er seine Frage: „Rabbi, in meiner Hand habe ich einen Schmetterling; lebt er oder ist er tot?". Da sah ihm der Rabbi in die Augen und sagte ruhig: „Wie du willst, mein Sohn, ganz wie du willst."

Talmud

Verwendet man die Sprache zur Untersuchung und Beschreibung der Quantenmodelle der Wirklichkeit, so stößt man oft auf unüberwindbare logische Widersprüche. Diese Widersprüche können jedoch umgangen werden, wenn man akzeptiert, neben der Umgangssprache ein anderes, gleichfalls natürliches Kommunikationsmittel zu gebrauchen, nämlich die Sprache des Designs oder der bildenden Kunst: eine Sprache, deren Regeln – sofern man von solchen sprechen kann – von Erfordernissen diktiert sind, die dem spezifischen Bereich der Physik als nicht angemessen gelten, Erfordernissen, die die Wechselbeziehungen von Instinkten, Gefühlen und Illusionen betreffen; und als solche befreien sie uns von der rationalistischen aristotelischen Annahme des *tertium non datur*.

Gehen wir jedoch in geordneter Weise vor. Wir werden unsere Aufmerksamkeit vor allem auf den Begriff des Zustands eines Quantensystems richten, auf Wellenfunktionen und auf quantisierte oder diskrete Energiewerte, die zu den möglichen Zuständen gehören. Wir werden dann das Problem der „logischen" Unverträglichkeit zwischen dem irreversiblen Prozeß der zur Durchführung von Messungen notwendigen spektroskopischen Beobachtung und der Beschreibung einer Quantenstruktur durch stationäre Zustandsfunktionen untersuchen, Funktionen also, deren Zeitabhängigkeit physikalisch nicht wahrgenommen werden kann. Schließlich werden wir eine Analogie zwischen dem Vorgang der spektroskopischen Beobachtung einer Quantenstruktur und der Wahrnehmung einer doppeldeutigen Struktur vorschlagen. Dem Zustand eines Quantensystems, d. h. der Gesamtheit der über das System auf experimentelle Weise erhältlichen Informationen, ist eine Wellenfunktion zugeordnet, die von der Stellung der Elemente des Systems abhängt und die dort, wo es eine größere Wahrscheinlichkeit gibt, die Elektronen oder die Atomkerne zu lokalisieren, erhöhte Werte annimmt. Eine derartige, auch Zustandsfunktion genannte Funktion deckt sich in der Regel mit einem der vielen möglichen stationären Zustände, die für das System charakteristisch sind. Jedem dieser Zustände ist seinerseits ein Energieniveau zugeordnet. Alle Energieniveaus zusammengenommen bilden eine diskrete Abfolge: die Energieniveaus erweisen sich als quantisiert wie die Sprossen einer Leiter (Bild 13).

Betrachten wir zum Beispiel ein Ammoniakmolekül NH_3. Es handelt sich um eine winzige Pyramide, geformt aus drei Wasserstoffatomen H und einem Stickstoffatom N. Die Wasserstoffatome befinden sich an den drei Ecken eines gleichseitigen Dreiecks, das wir uns auf einer vertikalen Ebene vorstellen können; sie bilden die Basis einer Pyramide, deren vierte Ecke die Position des Stickstoffatoms festlegt.

Wäre nun tatsächlich die Zeichnung des Ammoniakmoleküls verlangt, dann würden wir das Dreieck der Wasserstoffatome vertikal anordnen und längs der Horizontalachse dieser mikroskopischen Pyramide z. B. auf der rechten Seite das Stickstoffatom plazieren. Auf diese Weise hätten wir aber – wohl unerwartet – schon an diesem Punkt eine Wahl getroffen, indem wir ohne speziellen Grund der rechten Seite den Vorzug gegenüber der linken gegeben haben. In der Natur ist nun aber diese Beliebigkeit nicht vorgesehen.

Wie also soll nun diese Struktur im Sinne der Logik dargestellt werden?

Die Quantenmechanik legt nahe, daß in einem isolierten Ammoniakmolekül und folglich in einem stationären Zustand, in dem die Energie konstant und wohldefiniert bleibt, der Stickstoff mit erhöhter Wahrscheinlichkeit in zwei unterschiedlichen räumlichen Bereichen lokalisiert werden kann, in denen die Zustandsfunktion einen Wert aufweist, der beträchtlich von Null abweicht. Diese Bereiche längs der Horizontalachse des Dreiecks sind auf zwei Positionen konzentriert, die mit Bezug auf die Dreiecksebene symmetrisch sind: eine rechts, die andere links. In Wirklichkeit gibt es von den Wellenfunktionen (d. h. von den zentralsymmetrischen Positionszuständen des Stickstoffs in diesem Molekül) zwei statt nur einer, wobei jede von diesen einem wohldefinierten Energieniveau entspricht. Es handelt sich um die Funktionen ψ_g und ψ_u, analog den Schwingungszuständen symmetrisch g und antisymmetrisch u des Doppelpendels, mit dem der Stickstoff im Ammoniakmolekül – nach der Empfehlung von Mott – verglichen werden kann (Bild 9). Der Schwingungsamplitude des Pendels entspricht die Amplitude der Aufenthaltswahrscheinlichkeitsdichte des Stickstoffs diesseits oder jenseits der Ebene der drei Wasserstoffatome. Beide Funktionen weisen dem Stickstoff ständig die gleichen Aufenthaltswahrscheinlichkeiten zu, halb rechts bzw. halb links der vertikalen Basisebene und längs der Horizontalachse des Moleküls: Das Molekül läßt sich schließlich als Doppelpyramide längs der Achse schematisieren; es besteht die „unbegründete Sicherheit", an jedem ihrer Endpunkte ein halbes Stickstoffatom zu finden.

Unabhängig von der Wahl der Zustandsfunktion, die wir zur Beschreibung der Molekülanordnung eingeführt haben, läßt sich das bisher Gesagte in folgende Behauptung umsetzen: Prinzipiell ließe sich der Stickstoff – vorausgesetzt, seine Position (rechts? links?) ließe sich spektroskopisch bestimmen, ohne durch diese Messung den stationären Zustand zu verändern – mit 50%iger Wahrscheinlichkeit links und mit 50%iger Wahrscheinlichkeit rechts lokalisieren.

Tatsächlich aber beseitigt ein solcher Prozeß die Ungewißheit bezüglich der Position des Stickstoffs und erzeugt eine Information folgenden Typs: In einem bestimmten Moment befindet der Stickstoff ganz eindeutig rechts von der Basisebene, und doch kann er sich schon im nächsten Augenblick nach links bewegt haben. Es ist wichtig zu unterstreichen, daß der Meßvorgang vom Wesen her irreversibel ist. Und wirklich waren wir *vor* der Messung zu Recht unsicher – halb rechts, halb links – , und konnten salomonische Beschreibungen der möglichen Informationen über das Molekül mittels seiner stationären und symmetrischen Zustände abgeben, aber wir *wußten* es nicht; *nach* der Messung *wissen* wir es: mit Sicherheit rechts oder mit Sicherheit links. Durch die Messung entsteht Information. Etwas, so bemerken wir, ist anders geworden. Und die Symmetrie bricht: Das, was sich in der Veränderung bewahrte oder sich unverändert zu bewahren schien, verändert sich. Und eben das ist es, was wir wahrnehmen.

Wir sind nun beim Kern des Problems angelangt: *Die spektroskopische Beobachtung,* unerläßlich für den Erwerb von Information und Wissen, *erweist sich aufgrund ihrer Irreversibilität als unverträglich mit dem stationären Charakter* der Zustände, durch die allein die Struktur beschrieben werden kann. Prigogine und Stengers (1971) legen diesen Sachverhalt wie folgt dar:

> „Da die stationären Zustände per definitionem Zustände sind, in denen nichts geschieht, könnten wir nichts über sie sagen, wenn sie tatsächlich stationär wären; nur dann, wenn das System von einem stationären Zustand in einen anderen übergeht, ist jene Zahl bestimmbar [oder das Energieniveau oder die Differenz zwischen den Energieniveaus; Anmerkung von G. Caglioti], dank deren die Quantenmechanik ein System so charakterisieren kann, als würde es sich unbegrenzt in diesem oder jenem stationären Zustand erhalten. Hier liegt der Ursprung der großen Paradoxien der Quantenmechanik."

Und weiter:

> „Der Formalismus der Quantenmechanik begründet sich auf die gleichzeitige Behauptung zweier miteinander unverträglicher Zustände, von denen jeder notwendig ist, damit der jeweils andere eine physikalische Bedeutung erhält. Der irreversible Prozeß ist notwendig, um den stationären Zustand bekannt zu machen, der von diesem Moment an aufhört, ein solcher zu sein; die Quantenmechanik kann den Prozeß nicht

anders als in Begriffen des Übergangs beschreiben, und sie betrachtet ihn als völlig unbegreifbar ohne diesen Bezug auf Begriffe, durch welche er seinerseits ohne Bedeutung ist."

Mit der Frage der spektroskopischen Beobachtung von Quantenstrukturen sehen wir uns indessen einer paradoxen Situation voller Doppeldeutigkeit gegenübergestellt. Wir befinden uns in einem logischen Labyrinth, das es zu erforschen gilt.

Wir werden dies tun, indem wir – über die Vermittlung nur durch Worte hinausgehend – persönlich „am eigenen Leibe" einen Prozeß durchlaufen, der letztlich analog genau jenem der spektroskopischen Beobachtung ist: der Prozeß der Wahrnehmung doppeldeutiger Strukturen.

Betrachten wir Tafel V. Diese Figur weist strukturelle Analogien mit der Doppelpyramide des Ammoniakmoleküls auf, so daß wir jener Figur „zwei Wellenfunktionen oder stationäre Zustände" und zwei „Energieniveaus" zuordnen möchten, denen dieselbe Wichtigkeit zukommen soll wie den entsprechenden Begriffen, die für die Lagebeschreibung des Stickstoffs im Molekül verwendet wurden.

Die Figur erscheint zu Beginn als eine zweidimensionale zentralsymmetrische Zeichnung.

Was geschieht nun, wenn der Beobachter die von der Figur ausgehenden und auf ihn einwirkenden Reize jenseits einer bestimmten Schwelle selbst kontrolliert? Die Figur, die wir uns als vom Gehirn verinnerlicht denken wollen, scheint sich abrupt zu beleben, bis es den Anschein hat, als träte sie aus dem Papier heraus. Es bildet sich so etwas wie ein Buchstabe, ein Z, heraus, schräg liegend und verkrümmt, mit zwei weißen Basisflächen. Ein bemessenes Gleichgewicht zwischen den Elementen der Figur und mit ihm die ursprüngliche Symmetrie sind vom Betrachter gestört worden. Gleichzeitig ist die Ungewißheit beseitigt, die der auf der Papierfläche „gedachten" Komposition innewohnte, und der Betrachter fühlt sich veranlaßt, eine Information zu erzeugen, eine Information, die zum Beispiel in der Entscheidung besteht: Die weiße Basisfläche rechts (bzw. links) ragt aus der Papierfläche heraus (bzw. geht in sie hinein), oder in der äquivalenten Entscheidung, daß die rechte (bzw. linke) weiße Basisfläche aus der Papierfläche herausragt (bzw. in sie hineingeht). Sollte nun jemand fragen, ob die verinnerlichte Struktur im kritischen Moment der Entscheidung noch die zweidimensionale, in einem stationären Zustand „eingefrorene" Zeichnung sei oder schon die dreidimensionale Struktur des Z mit der rechten weißen Basisfläche „außerhalb" des Blattes – einem derart Fragenden müßte man antworten: *sowohl als auch:* tertium non datur?

Genau in dem Augenblick, indem sich dieser Akt des Wahrnehmungsübergangs vollzieht, schließen sich die beiden Aspekte dieser einzigartigen doppeldeutigen Wirklichkeit gegenseitig aus, und doch führen beide in ihr eine Koexistenz: Die zentralsymmetrische,

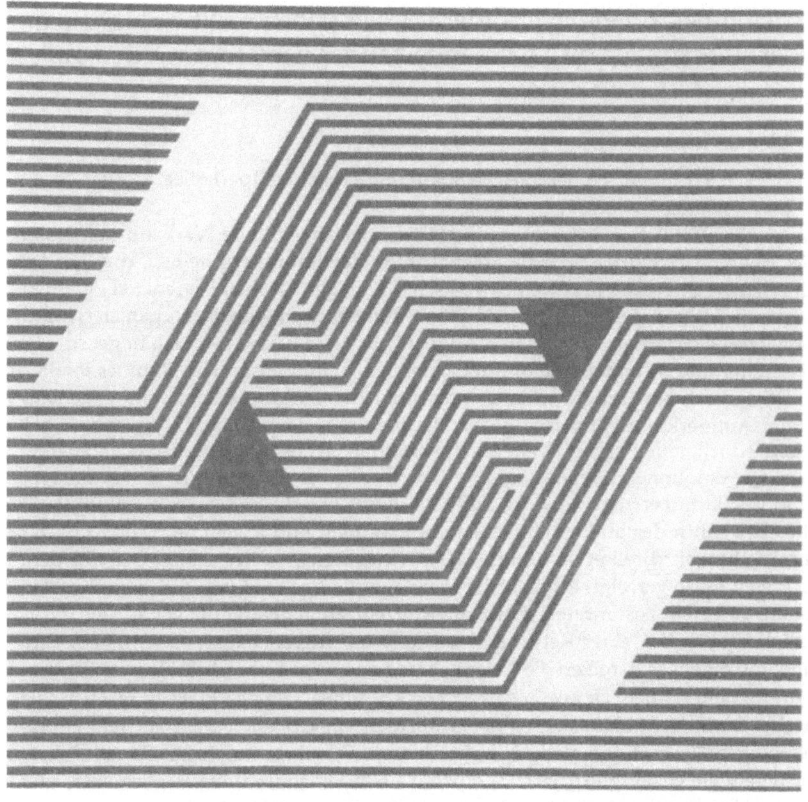

Tafel V F. Grignani, Psychoplastik im Feld (Psicoplastica nel campo, 406). 70 cm × 70 cm, Acryl, 1971. Die Wahrnehmung der doppeldeutigen Strukturen und die spektroskopische Beobachtung der Quantenstrukturen.

zweidimensionale Figur wird von einem der beiden stationären Zustände beschrieben, aber gleichzeitig verbinden sich die beiden Zustände im bildhaften Denken, und es kristalliert sich eine Information heraus, die dazu führt, zum Beispiel der rechten weißen Basisfläche den Vorzug zu geben.

Was auch die zufällige Anfangsentscheidung gewesen sein mag – rechts oder links – , der Betrachter kann sich danach der dynamischen Wahrnehmung eines rhythmischen Alternierens von Perspektivinversionen rechts/links/rechts etc. nicht entziehen.

Schlußendlich sind die zwei zentralsymmetrischen Zustände in der zweidimensionalen Struktur latent vorhanden, und beide sind zu deren Beschreibung erforderlich. Sie stehen rechtwinklig zueinander und können also nicht miteinander vermengt werden außer

Tafel VI F. Grignani, Hyperbolische Spannung (Tensione Iperbolica, 1029). 51 cm × 51 cm, verschiedene Techniken (1980).

Einem oberflächlichen Betrachter könnte das hier abgebildete Werk auf den ersten Blick als eine zweidimensionale geometrische Zeichnung erscheinen, die sich aus zahlreichen schwarzen und weißen von scharfkantigen Flächen begrenzten Parallelogrammen zusammensetzt. Nach ein paar Augenblicken jedoch reorganisieren sich diese Parallelogramme vor unseren Augen: Paarweise türmen sie sich in geordneter Weise eins auf das andere. Beim Erforschen des dreidimensionalen Raumes tendiert der Blick dazu, bevorzugte „Routen" auszumachen und diesen dann mit gleichbleibender Aufmerksamkeit nachzugehen. Nach einer weiteren Betrachtungsphase entstehen jedoch neue Perspektiven, die unvermittelt aus der Bildoberfläche herausbrechen. Die emotionelle Spannung, die den Künstler erfüllt und die er mit sicherer Hand ins Bild überträgt, bewirkt, daß sich dieses wie durch Magie in ein authentisches Labyrinth des bildhaften Denkens verwandelt und in den Betrachter mit der Unmittelbarkeit direkter Kommunikation eindringt. Der Betrachter, der mit dem Blick eine Kette verfolgt, erhöht oder vermindert, abgelenkt von den benachbarten Ketten, an einem bestimmten Punkt die Konzentration gerade um soviel, wie erforderlich ist, um von einer Kette zu einer anderen, angrenzenden zu springen. Und dann, mit einem Mal, reißen die Ketten ab und erscheinen neuerlich ohne erkennbare Ordnung, um schließlich zwei „Arten" von krummen Treppen Platz zu machen, die anschließend, nicht ohne sich zu überschneiden, umkippen. Daraus entsteht ein regelmäßiger Wechsel von vielfachen, kohärenten Schemata möglicher Raumstrukturierungen, gleichzeitig existierend, obwohl sie miteinander unverträglich sind, und in ihrer Gleichzeitigkeit nicht konkretisierbar. In ihnen verfängt sich unser bildhaftes Denken, gefesselt, beunruhigt und umgarnt, verstört schwankend, löst sich dann wie geblendet auf und kehrt neugierig zurück, um sich wieder zu fassen. Ein wenig wie in bestimmten Kompositionen reiner Barockmusik scheint sich hier die *Form*, d. h.

66

die geometrische Sprache, durch die Grignani seine eigenen Spannungen ausdrückt, in Zeichen zu strukturieren, die mit wohldosierten, dynamischen Komponenten versehen sind. Auf diese Weise läuft die Form letztlich auf eine Übereinstimmung mit den Spannungen selbst hinaus und folglich mit dem emotionalen *Inhalt*, der diesen Spannungen zur Befreiung verholfen hat. In der vorliegenden Arbeit sollen Verbindungen zwischen dem Wahrnehmungsprozeß bezüglich dieser Strukturen von Grignani, die so unglaublich erfüllt von unauflösbarer Doppeldeutigkeit sind, und grundlegenden Problemen des zeitgenössischen physikalischen Denkens hergestellt werden. An dieser Stelle habe ich lediglich beabsichtigt, einen Schlüssel zur analytischen Lektüre eines Systems von Zeichen anzubieten, die – obschon rational strukturiert in einer mit den physikalisch-mathematischen Grundlagen der (bislang noch esoterischen) Logik der graphischen Sprache wahrscheinlich konformen Weise – doch danach verlangen, in ihrem unaussprechlichen und nicht konkretisierbaren Miteinander kohärent gedeutet, synthetisch erfaßt und vor allem gefühlsmäßig verarbeitet zu werden.

durch eine ausreichend starke Kontrolle der im Gehirn des Betrachters ausgelösten Sinnesreize. Der Prozeß läuft so ab, als ob diese Zustände – nachdem sie mittels der vom bildhaften Denken suggerierten Entscheidung (rechts oder links) vereinigt wurden und die Symmetrie gebrochen ist – aneinandergekoppelt bleiben, und zwar in einer Weise, daß sie der Wahrnehmung den dynamischen Wechsel von Perspektivinversionen suggerieren und dabei sehr an die Absorption bzw. Emmission von Resonanzstrahlung, typisch für jede Art spektroskopischer Übergänge, erinnern. Si parva licet componere magnis, dann könnte es alles in allem durchaus wirkungsvoll sein, die spektroskopische Beobachtung von Quantenstrukturen, die letztlich die experimentelle Basis unserer heutigen Kenntnisse der physikalischen Welt ist, mit der Wahrnehmung doppeldeutiger, in ihrer Unentscheidbarkeit beunruhigender Strukturen zu vergleichen.

Diese Annäherung zwischen der nicht konkretisierbaren Welt Grignanis (Tafel VI) und der uns umgebenden konkreten Welt, zwischen dem auf das Gefühl wirkenden Produkt künstlerischen Ausdrucks und den vernunftbetonten Schemata der wissenschaftlichen Methode muß man natürlich cum grano salis aufnehmen. Es kann jedenfalls zum Überdenken der Gültigkeit einer Annahme – tertium non datur – führen, die die westliche Kultur grundlegend beeinflußt hat: eine Annahme, deren Gültigkeit im allgemeinen für alle Probleme der sogenannten exakten Wissenschaft unhinterfragt akzeptiert wird.

Wo ist nun also der Stickstoff im Ammoniakmolekül? Eingedenk der Wittgensteinschen Mahnung: „Wovon man nicht sprechen kann, darüber muß man schweigen", könnten wir von der doppeldeutigen Sprache des Schweigens Gebrauch machen. Wir ziehen es aber vor, eine Alternative vorzuschlagen, derzufolge man immer dann, wenn man über etwas nicht sprechen kann, dieses doch wahrnehmen kann. Und dann, fast wie zufällig, könnten wir sagen: Der Stickstoff ist rechts oder, wenn man will, links. Oder vielleicht auch – warum nicht? – : Er ist rechts *und* links. Der Stickstoff findet sich, kurz gesagt, dort, wo man ihn hintut, wenn man ihn sucht.

So sind wir schließlich zu einem mysteriösen Abschluß gekommen. Oder, wenn man so will, zu einem abschließenden Mysterium. Oder (warum nicht?) sowohl bei dem einen als auch beim anderen angelangt.

Kapitel 3
Symmetrie und Symmetriebrechung in der Wissenschaft, beim Wahrnehmungsprozeß und in der Kunst

Viele Strukturen besitzen Symmetrieelemente (Spiegelebenen, Symmetrieachsen, Inversionszentren etc.). Diese Strukturen werden in sich selbst überführt, wenn man die entsprechenden Symmetrieoperationen (Spiegelung an der Symmetrieebene, Rotation um die Symmetrieachse, Inversion etc.) ausführt. Per definitionem haben derartige Symmetrieoperationen die Eigenschaft, *die Struktur*, über der sie wirken, *unverändert zu erhalten*. Wenn wir etwa einen Ball um seinen Mittelpunkt oder um seinen Durchmesser kreisen lassen, oder ein Glas um seine Vertikalachse, dann haben wir keine Möglichkeit, wahrzunehmen, daß wir die Rotation ausgeführt haben: Es stellt sich also als unmöglich heraus, den Drehwinkel zu messen, da ja die Messung einen Bezugspunkt erfordern würde, zum Beispiel eine Kerbe, die aber nicht auf dem Ball oder dem Glas angebracht werden kann, ohne gleichzeitig die Rotationssymmetrie zu zerstören.

Die Unentscheidbarkeit bezüglich der Rotation um eine Achse oder um einen Symmetriemittelpunkt sollte uns eigentlich nicht weiter bekümmern. Tatsächlich ist es ja so, daß das Ergebnis einer jeden Symmetrieoperation als durchaus banal erscheinen mag: Oft hat aber gerade das Unveränderte, das per definitionem auf eine dynamische Aktion folgt, seine Reize. Wir werden dessen gewahr, wenn wir die Rosette eines Kirchenfensters oder die Fassade eines

Renaissancebaus erforschen, auf der Suche nach einem Bezugspunkt oder nach einer Bestätigung, daß dieses Werk der Architektur wirklich fehlerlos ist und das Ideal einer symmetrischen Struktur wiedergibt. Und dieser Blick ist schließlich befriedigt, wenn er
endlich ein Strukturelement entdeckt, das unvorhergesehenerweise
die architektonische Symmetrie bricht.

Ein altes Zen-Sprichwort sagt: „Wahre Schönheit besteht in einer
teilweisen, bewußt herbeigeführten Brechung der Symmetrie." Und
nach Pierre Curie ist es „die Asymmetrie, die die Erscheinung hervorbringt".

Es hat wirklich den Anschein, als sei der menschliche Geist ständig auf der angespannten Suche nach dem Gleichgewicht zwischen
zwei im Kontrast stehenden Haltungen. Einerseits der uralte
Wunsch, sich ganz der Sicherheit des sich unaufhörlich Wiederho-
lenden zu überlassen, jener Sicherheit, in der man sich wiegen kann,
indem man in immer gleicher Weise die Zeit skandiert mit der
Metrik in der Dichtung, mit dem Takt beim Tanz, mit der Litanei im
Gebet, mit den Sprechchören während politischer Demonstrationen.
Andererseits die Sehnsucht, in außergewöhnliche Vorgänge verwik-
kelt zu sein bzw. an herausragenden Ereignissen teilzunehmen, der
Routine zu entfliehen – was möglich wird, wenn die Symmetrie gebrochen wird.

Es handelt sich um ein Gleichgewicht zwischen zwei Zuständen,
das nur in seltenen Momenten erreichbar scheint, zum Beispiel
wenn wir angesichts eines Kunstwerks den Augenblick des künstlerischen Schaffens nachvollziehen. Oder beim Hören der Musik von
Johann Sebastian Bach: Bach ist es – sicherlich in Unkenntnis der
Zen-Definition des Schönen – gelungen, im musikalischen Vokabu-
lar seines Werkes ein Gleichgewicht zu erreichen, das wir als gene-
tisch bezeichnen möchten; ein Gleichgewicht zwischen der strukturellen Symmetrie der musikalischen Architektur und der Anordnung der Noten für die einzelnen Stimmen – diese sind in der Partitur horizontal angeordnet; vertikal (also im Zusammenklang) aufgenommen, entsteht die Harmonie.

Im Bereich der Kunst entspricht das Einfügen von Symmetrieelementen in eine Struktur einem ursprünglichen ästhetischen Bedürfnis. Im wissenschaftlichen Bereich ist die Untersuchung der Symmetrieoperationen ein unerläßlicher Schritt in der Methodologie der
Strukturanalyse.

70

Der Künstler, der ein Kunstwerk schafft, versucht – mehr oder weniger bewußt –, die Symmetrieeigenschaften hervorzuheben. Analog dazu fragt sich der Wissenschaftler bei der Analyse einer Struktur zuallererst, welche Operationen über dieser Struktur ausgeführt werden können, ohne daß die Struktur selbst Veränderungen unterliegen würde.

Das Bedürfnis nach Symmetrie, das sich in der mittelalterlichen Architektur widerspiegelt, treibt auch die Hochenergiephysiker. Diese haben die Elementarteilchen in einem System ähnlich dem Periodensystem der chemischen Elemente angeordnet, das im Grunde auf Symmetrieüberlegungen aufgebaut ist. Die noch fehlenden (unbekannten) Elementarteilchen können nur unter gewaltigem Energieaufwand erzeugt werden. Die Hochenergiephysiker verwenden dazu riesige Beschleuniger, deren Betrieb eine elektrische Leistung (Energie/Zeit) erfordert, die einer Stadt von etwa 100 000 Einwohnern entspricht – ein Aufwand, der letztlich dem Bedürfnis nach Symmetrie entspringt.

In einer Abhandlung stellt Feynman fest, daß eine fast vollständige Symmetrie nicht nur die Strukturen charakterisiert, sondern genau auch die grundlegenden Gesetze, die das Verhalten der physikalischen Welt bestimmen. Feynman geht auch auf die Frage ein, warum es einige offensichtliche Verstöße gegen die Symmetrie gebe (z. B. die Nicht-Erhaltung der Parität bzw. die Unvertauschbarkeit von rechts und links bei der schwachen Wechselwirkung):

„Niemand hat eine Vorstellung vom ‚Warum‘, das Einzige, was wir vorschlagen könnten, ist folgendes: Es gibt in Neiko in Japan ein Tempeltor, das die Japaner für das schönste ihres Landes halten. Es wurde zu einer Zeit erbaut, als der Einfluß der chinesischen Kunst sehr stark war. Das Tor ist bis in die Details ausgearbeitet, mit Myriaden von Einzelelementen, schönen Flachreliefs, Säulen, Drachenköpfen und anderen Figuren, die in die Pfeiler geschnitzt sind. Sieht man aber aus der Nähe genau hin, bemerkt man, daß es auf einem in den Pfeiler hineingearbeiteten komplexen Muster ein Element gibt, das gegenläufig, also gewissermaßen auf dem Kopf stehend, geschnitzt ist. Gäbe es nicht diesen Teil – die ganze Gestaltung wäre vollständig symmetrisch. Auf die Frage, warum das so gemacht wurde, erhält man die Antwort, daß die Ordnung deshalb umgestürzt worden sei, damit die Götter nicht eifersüchtig würden auf die Vollkommenheit, die der Mensch erreicht habe. Man hat mit Absicht einen Fehler eingefügt, damit die Götter ihren eifersüchtigen Zorn nicht gegen die Menschen richteten."

Das Argument umdrehend, schlägt Feynman eine andere Erklärung für die Symmetriebrechung vor: „Gott legte nur teilweise symmetrische Gesetze fest, damit wir auf seine Vollkommenheit nicht eifersüchtig würden." Aber die Erklärung unseres Verhaltens gegenüber der Symmetrie könnte auch eine andere sein: Gott wünschte sich einen dynamischen Menschen. Also ließ er ihm die Freiheit, Ordnung zu schaffen, und befahl ihm, nach Freiheit zu streben, indem er durch das Brechen der Symmetrie deren Idealen nach seinem Gutdünken nacheifere.

Die Symmetrie und die aus einer Symmetriebrechung hervorgehende Ordnung bilden zwei Werte, die sowohl der Wissenschaft als auch der Wahrnehmung und ebenso der Kunst angehören.

Die Symmetrie läßt sich zurückführen auf die Unmöglichkeit, Veränderungen zu bemerken, die durch Transformationen hervorgerufen wurden: Symmetrie ist das, was unverändert bleibt; sie ist das, was sich in der (entropischen) Evolution erhält. Es ist möglich, Symmetriebrechungen hervorzurufen, zum Beispiel mittels (negentropischer) Einwirkung von außen, deren Effekt im allgemeinen der ist, Korrelationen zwischen den Struktureinheiten einzuführen bzw. Ordnung zwischen diesen herzustellen. Im Augenblick der Symmetriebrechung erfährt die Struktur schließlich eine bedeutende dynamische Veränderung, die spektroskopisch meßbar bzw. dynamisch wahrnehmbar ist. In einigen Situationen ist es der Meßvorgang selbst, bzw. (im Fall der doppeldeutigen Struktur) der Wahrnehmungsakt, der die Symmetriebrechung auslöst.

In diesem Kapitel werden wir vor allem die Beziehungen zwischen Symmetrie und Erhaltungsgrößen betrachten. Im folgenden wird die Frage der durch äußere Einwirkung bewirkten Symmetriebrechung angeschnitten, unter besonderer Berücksichtigung folgender Themen:

(1) der durch ein elektrisches Feld hervorgerufene Stark-Effekt (z.B. beim Wasserstoffatom),

(2) die Hybridisierung der Atomorbitale, die der Bildung von Molekülstrukturen vorangeht,

(3) die Wahrnehmung doppeldeutiger Strukturen.

Unterstützt von Beispielen aus dem Bereich der Kunst, wird das Verständnis dieser schwierigen Themen durch die Intuition erleichtert und schließlich auf die durch ästhetische Empfindungen ausgelösten Gefühle zurückgeführt: Auf diese Weise erhält man eine Bestätigung dafür, daß es möglich ist, synthetisierend und auf intuitiver Ebene die Grundgesetze der Physik zu erfassen, die üblicherweise, von der Erfahrung ausgehend, mittels logisch-analytischer Methoden hergeleitet werden.

3.1 Symmetrie und Erhaltungsgrößen: die privilegierte Rolle des Energie-Operators[3]

„Die Wurzel sämtlicher Prinzipien der Symmetrie in der Physik findet sich in der Annahme, daß es unmöglich ist, gewisse fundamentale Größen zu messen." (Lee, 1968). In einem Gas z. B. ändert sich die potentielle Energie bei einer Translation des Gases in bezug auf den Beobachter, oder was dasselbe ist, des Beobachters in bezug auf das Gas, nicht. Die potentielle Energie hängt ausschließlich von den relativen Abständen zwischen den Atomen des Gases ab. Daraus folgt, daß eine gleichmäßige Verschiebung aller dieser Atome

---

[3] Prof. Kun Huang von der Chinesischen Akademie hat mir seine Skepsis nicht verheimlicht, ein Buch als „populärwissenschaftlich" bezeichnen zu können, in dem der Hamilton-Operator verwendet wird. Das ist der Grund, warum ich hier statt des dem Fachmann vertrauteren Begriffs den Ausdruck „Energieoperator" benützt habe. Andererseits, wie Feynman (1965) richtig bemerkt, „gelang es Hamilton, der in den 30er Jahren des vorigen Jahrhunderts tätig war, dank einer Extravaganz der Geschichte seinen Namen einem Operator der Quantenmechanik (also ein Jahrhundert später) zu leihen. Es wäre viel besser gewesen, diesen Operator ‚Energieoperator' zu nennen...". Bei dieser Gelegenheit sei hinzugefügt, daß zu jeder der in diesem Kapitel eingeführten Observablen der Dynamik (Energie, Impuls, Drehimpuls usw.) formal ein Differentialoperator gehört. Dieser ist dadurch definiert, daß er, auf eine Funktion angewandt, diese in eine andere transformiert. Wenn jedoch die Funktion, auf die der Operator angewandt wird, genau mit einer Eigenfunktion ebendesselben Operators übereinstimmt, dann besteht der Effekt des Operators über der genannten Funktion in einer Multiplikation mit einer Konstanten.

keine Kraft erzeugt. Die Unmöglichkeit, eine derartige Verschiebung festzustellen, oder, was dasselbe ist, *die Unmöglichkeit, eine absolute Ortsmessung durchzuführen* oder einen ausgezeichneten Ursprung des Bezugssystems zu definieren, verleiht dem Gas eine *Translationssymmetrie*. Wenn aber keine Kraft erforderlich ist, so bleibt nach den Newtonschen Bewegungsgesetzen der Gesamtimpuls des Gases, also das Produkt aus Gesamtmasse und mittlerer Geschwindigkeit, erhalten. Die *Translationssymmetrie* bringt also die *Impulserhaltung* mit sich (Tafel VII).

Besitzt das Gas Translationssymmetrie, ist sein Impuls eine Erhaltungsgröße: Die Messung des Gesamtimpulses des Gases zu einem bestimmten Zeitpunkt liefert so ein Ergebnis, das mit jenem übereinstimmt, welches wir durch eine weitere Messung zu jedem nachfolgenden Zeitpunkt erhalten.

Tafel VII Translationsymmetrie und konstanter Impuls in den ersten Takten der „Kunst der Fuge" von J.S. Bach, BWV 1080.
Der Impuls-Operator erzeugt die Translationen. Das Thema wiederholt sich mit Translationssymmetrie bei jedem vierten Takt und gibt so, indem es sich selbst folgt, die „Idee" eines konstanten Impulses.

Schließlich führt die Homogenität des Raumes bzw. die Unmöglichkeit, feststellen zu können, daß man eine beliebige Translation dieses Raumes ausgeführt hat, zur Erhaltung des Impulses.

Analog dazu führt die Isotropie des Raumes, d. h. die Unmöglichkeit, feststellen zu können, daß eine beliebige Rotation dieses Raumes ausgeführt wurde, zur Erhaltung des Drehimpulses. Zum Beispiel läßt sich in der Keplerschen Bewegung eines Planeten um die Sonne die Erhaltung des Drehimpulses als das allgemein bekannte Flächengesetz formulieren.

Außerdem führt die Unmöglichkeit, feststellen zu können, daß eine Umkehrung zwischen links und rechts, diesseits und jenseits, oben und unten (Bild 15) stattgefunden hat, zur Erhaltung der Parität: In den zentralsymmetrischen Strukturen – für welche die Parität eine Symmetrieoperation ist – bleibt die Zustandsfunktion der Struktur unverändert (gerade) oder ändert ihr Vorzeichen (ungerade) in der Folge einer Umkehrung der Koordinaten des Systems bezüglich des Ursprungs ($r \rightarrow -r$); dem Paritätsoperator, der diese Inversion bewerkstelligt hat, sind jeweils die Bewegungskonstanten $+1$ bzw. -1 zugeordnet.

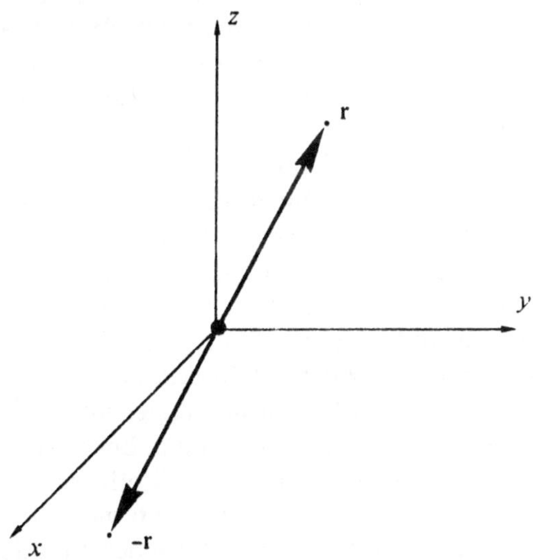

Bild 15 Der Paritätsoperator P verwandelt den Punkt $+r$ (mit den Koordinaten (x, y, z)) in den Punkt $-r$ (mit den Koordinaten $(-x, -y, -z)$). P ist ein Symmetrieoperator, wenn es nicht möglich ist festzustellen, daß eine Transformation $r \rightarrow -r$ durchgeführt wurde.

75

Schließlich führt die Homogenität der Zeit bzw. die Unmöglichkeit, feststellen zu können, daß eine beliebige Translation der Zeit selbst durchgeführt wurde, zur Erhaltung der Energie. Wie R. P. Feynman (1965) sagen würde, wird die „köstliche Operation, die darin besteht, einige Augenblicke zu warten" vom Energieoperator erzeugt. Dieser Operator beinhaltet auch das zeitliche Geschehen und beschreibt daher im besonderen die Veränderungen, die innerhalb des Systems im Lauf der Zeit eventuell wirksam geworden sind.

Eine isolierte Quantenstruktur ist durch einen stationären Zustand definiert, in dem es per definitionem unmöglich ist, durch das Fortschreiten der Zeit erfolgte Veränderungen zu bemerken. Der Energieoperator H ist der Erzeugende der zeitlichen Translation, und – wegen der Eigenschaft der Quantenstruktur – die Energie E ändert ihren Wert nicht: Die Energie ist eine Bewegungskonstante. So ist beispielsweise der Grundzustand $1s$ eines isolierten Wasserstoffatoms ein stationärer Zustand: Das Elektron ändert seinen Zustand im Verlaufe der Zeit nicht (Bild 7), und die Energie E bleibt konstant. Sie ist gleich $-Rhc$, dem Eigenwert E_1 (Bild 6).

In einem makroskopischen System hängt die Energie von den Koordinaten und von den Impulsen aller Massenpunkte ab, aus denen sich dieses System zusammensetzt; diese Koordinaten und Impulse variieren auf derart komplexe Weise, daß es praktisch unmöglich ist, sie zu beschreiben: Die Energie aber bleibt konstant.

Dank ihrer Eigenschaft, unveränderlich identisch mit sich selbst zu bleiben, ist die Energie folglich in jedem Fall eine Bezugsgröße, die zur Beschreibung eines Systems notwendig ist. – Kehren wir nun zu den isolierten Quantenstrukturen zurück.

In diesen erweist sich die Rolle der Energie auch vom formalen Gesichtspunkt aus als hervorgehoben, und zwar aus zwei Gründen. Erstens kann man mit dem zur Energie gehörigen Operator H das vollständige System der Zustandsfunktionen der Struktur – *Eigenfunktionen der Energie* – und der ihnen zugeordneten Energieniveaus – *Eigenwerte der Energie* – erhalten. Einmal bekannt, eröffnet die Gesamtheit dieser Eigenwerte mittels der Methoden der statistischen Mechanik im Prinzip den Zugang zu allen meßbaren thermodynamischen Größen, die vom makroskopischen Standpunkt aus den Zustand und die irreversible Evolution einer Struktur unter äußerer Kräfteeinwirkung charakterisieren. Anders ausgedrückt, wenn die

Eigenfunktionen und Eigenwerte des Energieoperators bekannt sind, werden alle jene Informationen zugänglich, von denen es physikalisch möglich ist anzunehmen, daß man sie aus einer Quantenstruktur erhalten kann. Es ist deshalb nur natürlich, den Energieoperator H als Bezugsgröße für jede beliebige Observable Ω des in Frage stehenden Systems vorauszusetzen.

Wir denken dabei an Observable wie

- den *Drehimpuls*; der Drehimpulsoperator erzeugt die Rotation;
- die *Parität* oder Inversion rechts $\rightleftarrows$ links, diesseits $\rightleftarrows$ jenseits, oben $\rightleftarrows$ unten;
- den *Impuls*; der Impulsoperator erzeugt die Translation im Raum.

Wie wir sehen werden, kann die Gegenüberstellung der nunmehr gewählten Observablen Ω (bzw. des zugehörigen Operators) und des Energieoperators H die Bestimmung der Eigenfunktionen und Eigenwerte von H erheblich vereinfachen. Und genau das ist der zweite Grund, warum der Energieoperator H eine herausragende Rolle spielt.

Was meint man aber eigentlich mit der Gegenüberstellung von Observablen oder Operatoren? Welchen Sinn hat es, Observable miteinander zu vergleichen, die untereinander nicht homogen sind? Was bedeutet es, genauer gesagt, die Energie mit Observablen wie Impuls, Parität, Drehimpuls usw. zu vergleichen?

Es drängt nach einem Beispiel. Wie immer ziehen wir dafür das Wasserstoffatom heran. Vorher aber sollte der Leser einen Blick auf Bild 16 werfen. Wir haben daran erinnert, daß sich in der Keplerschen Planetenbewegung neben der Energie E auch die Flächengeschwindigkeit, d. h. letzten Endes der Drehimpuls erhält. Die Keplersche Planetenbewegung ist das klassische Analogon zu dem um das Proton kreisenden Elektron: Es ist also nur folgerichtig zu fragen, ob auch für das Wasserstoffatom irgendeine Relation zwischen Energie und Drehimpuls besteht.

Im kugelsymmetrischen Coulombschen Feld, erzeugt von der positiven Ladung des Protons, hängt die potentielle Energie praktisch nur vom Abstand Elektron-Proton ab. Dieser Abstand bleibt gleich, sofern das Elektron die Kugeloberfläche (mit dem Proton als Mittelpunkt) nicht verläßt: Das Elektron hat auf Kreisbahnen um den Kern eine konstante potentielle Energie. Mit anderen Worten,

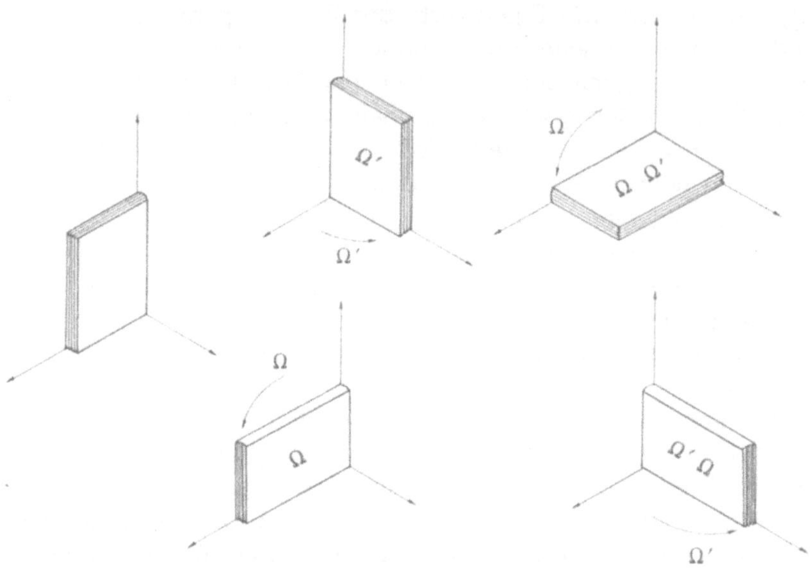

Bild 16 Die Gegenüberstellung von zwei Observablen Ω und Ω' (bzw. von den zwei Operatoren oder den zwei zu Ω und Ω' gehörenden Transformationen) kommt durch den Kommutator von Ω und Ω' zustande. Der Kommutator ist gleich Null, wenn Ω und Ω' vertauschen. Nicht immer vertauschen zwei Transformationen Ω und Ω': Wendet man zuerst die Operation Ω' und dann die Operation Ω an (und führt so die Operation $\Omega\Omega'$ durch), so ist dies nicht immer der umgekehrten Abfolge $\Omega'\Omega$ äquivalent. (Das Ergebnis ist nicht dasselbe, wenn man den Zucker umrührt, bevor oder nachdem man den Kaffee in die Tasse gegossen hat.) Nehmen wir ein Buch und stellen wir es senkrecht auf einen Tisch. Drehen wir es dann gegen den Uhrzeigersinn um 90° *zuerst* um die Längsache (Operation Ω') und *danach* um die Querachse (Operation Ω): Das Buch wird infolge der Operation $\Omega\Omega'$ auf dem Tisch liegen. Wieder von der Senkrechtstellung ausgehend, wenden wir *zuerst* die Operation Ω, danach die Operation Ω' an: Das Buch wird, als Folge der Operation $\Omega'\Omega$, senkrecht dastehen, und zwar auf seiner Längsseite. Daher vertauschen die Operationen Ω und Ω' nicht, in dem Sinne, daß die Operation $\Omega\Omega'$ auf das Buch eine andere Wirkung hat als die Operation $\Omega'\Omega$; es ist also $\Omega\Omega' \neq \Omega'\Omega$. Wenn andererseits Ω und Ω' aus einer Rotation um dieselbe Achse um z. B. 30° und 60° bestünde, wären beide Operatonen $\Omega\Omega'$ und $\Omega'\Omega$ gleich einer Rotation um 90°. In einem solchen Fall gilt $\Omega\Omega' = \Omega'\Omega$, die Operationen Ω und Ω' vertauschen.

die von der Rotation des Elektrons ausgelöste Transformation verändert dessen Energie nicht: Die Operatoren der Rotation und der Energie kommutieren, d. h. die Rotation ist eine Symmetrieoperation. Die Tatsache aber, daß sich – aufgrund des kugelsymmetrischen Feldes – die potentielle Energie nicht verändert, impliziert, daß das Drehmoment der Kräfte, auf das Elektron konstant ist. Dies bringt es seinerseits mit sich, daß der Drehimpuls des um das Proton kreisenden Elektrons konstant ist. Aber zu jeder Observablen, die – wie die Energie – von der Zeit t unabhängig ist, gehört ein Symmetrieoperator. Neben der Rotation ist also auch der Drehimpuls, der die Rotation erzeugt, mit einem Symmetrieoperator verbunden. Die möglichen Eigenwerte dieses Drehimpulsoperators sind zeitlich konstant.

Im allgemeinen kann demnach die Gegenüberstellung von H mit jeder der Transformationen Ω – von denen es sich nicht a priori ausschließen läßt, daß es sich um Symmetrietransformationen handelt – die Untersuchung der Eigenwerte und Eigenfunktionen E des Energieoperators H erleichtern. Paradoxerweise erweist sich diese Gegenüberstellung gerade dann als wirkungsvoll, wenn Ω mit H vertauscht, d. h. wenn das Resultat der Anwendungen von Ω und H auf ein System nicht von der Reihenfolge ihrer Anwendung abhängt (wenn der Kommutator $(H\Omega - \Omega H)$ gleich Null ist). In einem solchen Fall stellen sich nämlich die Transformationen Ω als Symmetrieoperatoren heraus und definieren so, wie gesagt, die Bewegungskonstanten der Struktur. Die Untersuchung der Symmetrieoperationen vereinfacht demnach merklich die Erforschung aller Zustandsfunktionen der Struktur.

Zum Beispiel folgt aus der Tatsache, daß der Paritätsoperator P eine Symmetrietransformation ist, daß die Eigenfunktionen relativ zu den möglichen Energiezuständen des Wasserstoffatoms auch Eigenfunktionen der Parität sind: Diese können also nur vom Typ *gerade*, d. h. symmetrisch oder aber *ungerade*, d. h. antisymmetrisch sein. Überdies sind die den Symmetrieobservablen zugeordneten Eigenwerte zeitlich konstant. Sie bilden, wie gesagt, die Bewegungskonstanten und decken sich mit den möglichen Meßergebnissen der Symmetrieobservablen.

Das Standardvorgehen bei der Analyse von Quantenstrukturen unterscheidet sich nicht wesentlich vom Vorgang der Betrachtung

a)

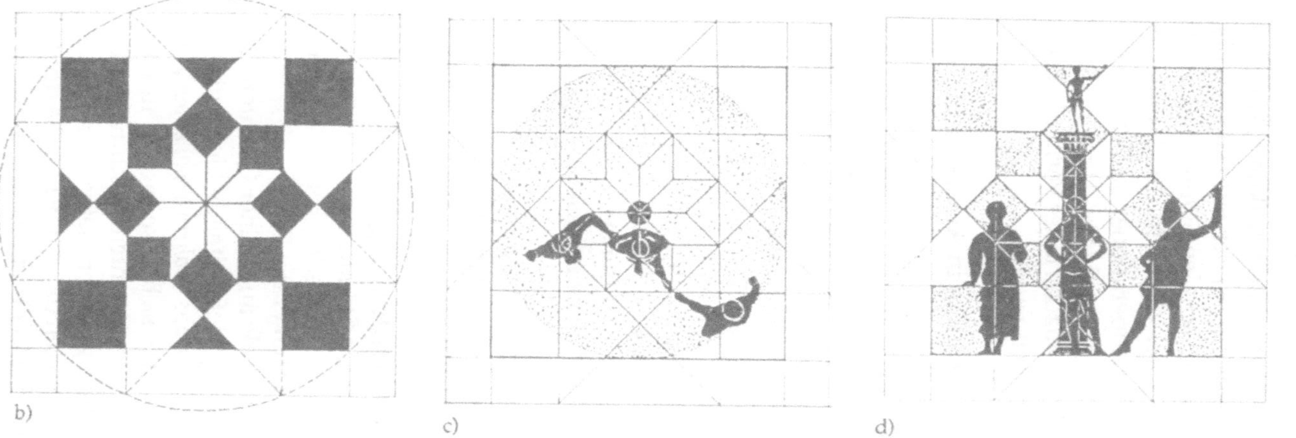

Tafel VIII Piero della Francesca, La Flagellazione (Palazzo Ducale, Urbino; mit freundlicher Genehmigung der Soprintendenza per i Beni Artistici e Storici delle Marche, Galleria Nazionale delle Marche, Urbino). Eine Farbreproduktion des Gemäldes (a) befindet sich im Anhang dieses Buches.
Die Teilbilder b) – d) sind computererzeugte Detailwiedergaben aus anderen Perspektiven (Carlo L. Ragghianti und Teresa Zanobi Leoni, Sound Sonda, Nr. 1 (1978), Rivista di Studi Elettronici, Università Internazionale dell' Arte, Florenz).

Das Fußbodenpaneel trägt ein Rittersternmuster (b). Dieses Muster ist geprägt durch die Beziehung zwischen den Seiten eines Quadrats und den Diagonalen. Das Sternmuster wiederum kann als strukturelles Netz zur Anordnung der Personen um die Geißelungssäule betrachtet werden (Teilbilder c) und d)).

eines Bildes oder einer architektonischen Konstruktion. Mehr oder weniger bewußt gilt die Priorität sowohl bei der rationalen Analyse als auch beim Kunstgenuß der Suche nach den Symmetrieoperationen oder -elementen der Struktur (Tafel VIII). Und dies könnte auch gar nicht anders sein: Die Symmetrieoperationen in ihrer Gebundenheit an das, was in der Struktur konstant bleibt – und zuallererst an die Energie – geben sozusagen in konzentrierter Form die Bedeutung der Struktur wieder; sie sind deren Essenz.

3.2 Störungsbedingte Symmetriebrechung in Atomen und Molekülen

In der voranstehenden Analyse der Symmetrieeigenschaften von Quantenstrukturen haben wir auf die Gegenüberstellung zwischen Operatoren einiger Transformationen (Rotation, Translation, Inversion etc.) und dem Energieoperator hingewiesen. Es hat sich gezeigt, daß derartige Transformationen Symmetrietransformationen der fraglichen Struktur sind, wenn sie mit dem Energieoperator vertauschen. Es hat sich außerdem herausgestellt, daß den Symmetrieoperationen und den dynamischen Größen, die solche Operationen erzeugen (zum Beispiel die Translationssymmetrie einerseits und der Impuls andererseits), sogenannte Bewegungskonstante zugeordnet sind.

Was passiert nun mit den Symmetrietransformationen, dem dynamischen Aufbau der Eigenfunktionen und der Eigenwerte, wenn eine äußere Energiestörung die Symmetrie der Struktur durch die Modifikation des Energieoperators bricht?

Um diese Frage zu beantworten, greift man gewöhnlich auf die *Gruppentheorie* (Heine, 1960) und auf die *Störungstheorie* zurück. Will man sich mit qualitativen Antworten zufrieden geben, kann man auf diese formalen Hilfsmittel verzichten (Tafel IX).

Sowohl im Falle einer dissipativen als auch einer Quantenstruktur impliziert die Symmetriebrechung tiefgreifende Umstrukturierungen. Das *Brechen der Symmetrie* zieht das *Wahrnehmen einer Veränderung* in einem System nach sich, das sich urspünglich in einem stationären Zustand befand. Im Fall der Quantenstrukturen tritt die Symmetriebrechung beim Beobachtungs- oder Meßvorgang auf. Bei den dissipativen Strukturen – wir denken dabei etwa an die doppeldeutigen Strukturen – findet die Symmetriebrechung im Augen-

Tafel IX Zwei Marathonläufer. Brechung der Translationssymmetrie und Darstellung einer Impulsänderung auf einer attischen Amphore der Panathenäen (Museum von Vulci, Nr. 64220).
Hier entsteht der Eindruck erhöhter Geschwindigkeit durch die *Dynamik*, die mit der *Brechung der Translationssymmetrie* einhergeht: Der zurückliegende Läufer gibt, um einen *längeren Schritt* als der führende Läufer zu machen, seinem Lauf einen *höheren Impuls*.

blick der Instabilität bzw. der Wahrnehmung statt. Es schälen sich
so Analogien zwischen den Prozessen heraus, die die Symmetriebrechung in Quantenstrukturen und in der Dynamik des bildhaften
Denkens hervorrufen.

Im folgenden sollen Modalitäten und Wirkungen der Symmetriebrechung erläutert werden, sowohl im Hinblick auf Quantenstrukturen – in erster Linie auf das Wasserstoffatom – als auch auf die
doppeldeutigen Formen.

Gehen wir ordnungsgemäß vor. Die Anwendung eines äußeren
Feldes auf eine Struktur modifiziert deren Energieoperator. Dieser
muß nämlich die Wechselwirkungsenergie zwischen äußerem Feld
und Struktur mitaufnehmen. In der Folge können sich einige dynamische Symmetrietransformationen bei der Gegenüberstellung mit
dem „gestörten Energieoperator" als nicht mehr vertauschbar erweisen. Derartige Transformationen verlieren ihre Eigenschaft als
Symmetrietransformation, und die Observablen, die sie erzeugen,
werden aus ihrer Rolle als Bewegungskonstanten verdrängt. Der
Aufbau des gestörten Systems und die Gesamtheit seiner Eigenfunktionen und der entsprechenden Eigenwerte unterliegen folglich
tiefgehenden Änderungen.

Im mikroskopischen Maßstab wird die von einem äußeren elektrischen Feld im Wasserstoffatom ausgelöste Symmetriebrechung
durch den *Stark-Effekt* bewirkt. Obwohl es sich um einen nahezu ir-
relevanten spektroskopischen Effekt handelt, wird er hier bespro-
chen, weil er es erlaubt, wichtige Formen der Symmetriebrechung,
die von lokalen interatomaren Feldern erzeugt werden, zu systematisieren: Wir haben dabei die Hybridisierung von Atomorbitalen im
Auge, die der Bildung von Molekülorbitalen und im allgemeinen
auch der Wiederherstellung von Korrelationen oder von Ordnung
zwischen den Atomen während der Aggregatbildung vorangehen.

Gehen wir also zur Darstellung des Stark-Effekts im Wasserstoffatom über, wobei wir hinsichtlich der technischen Aspekte auf den
Anhang II und auf Bild 17, in dem die Ergebnisse des Anhangs zusammengefaßt sind, verweisen.

Die potentielle Energie des Elektrons im Potential des Protons ist
kugelsymmetrisch: Ganz gleich, welche Position das Elektron auf
der Kugelfläche einnimmt, die potentielle Energie bleibt unverändert erhalten. Wir wissen auch, daß sich diese Energie nicht verän-

dert, falls das Elektron in bezug auf das Proton „umkippt": Die Paritätstransformation $r \rightarrow -r$ ist eine Symmetrietransformation.

Was geschieht aber, wenn das Wasserstoffatom in ein elektrisches Feld E_z, das parallel zur Achse z liegt, eintaucht? Offensichtlich entsteht eine Vorzugsrichtung. Um die potentielle Energie zu minimieren, versucht nun das positiv geladene Proton dem elektrischen Feld zu folgen, indem es sich zum Beispiel nach Norden verlagert, während sich das Elektron nach Süden – im der Feldrichtung entgegengesetzten Sinne – verschiebt. Schlußendlich ist es so, als bevorzuge das Elektron die südlich vom Proton gelegene Hemisphäre. Allein schon die Tatsache jedoch, daß man nun einen Unterschied zwischen nördlicher und südlicher Hemisphäre feststellen kann, führt zur Brechung der Paritätssymmetrie. Infolge der durch das äußere elektrische Feld verursachten Störung setzen sich ursprünglich symmetrische oder antisymmetrische Atomorbitale zu neuen Kombinationen zusammen: Die so entstehenden Hybridorbitale bevorzugen als Symmetrierichtung die Richtung des Kraftfeldes (Bild 17). Das ursprüngliche Energieniveau spaltet sich auf, und das spektroskopische und dynamische Verhalten des Atoms ändert sich: Man findet neue Spektrallinien, die sog. Stark-Linien.

Der Stark-Effekt besteht also in einer Neuordnung der Energieniveaus eines Atoms, die durch ein statisches elektrisches Feld hervorgerufen wird, und im darauffolgenden Auftreten neuer Spektrallinien. Die Neuordnung der Energieniveaus, hervorgerufen durch die Anwendung eines statischen elektrischen Feldes auf ein Atom, ist mit einer Symmetriebrechung gepaart.

Während der Annäherung zweier Atome, die eine Molekülbildung vorstrukturiert, entsteht ein elektrisches Feld. Folglich kann auch der Annäherungsvorgang zwischen zwei Atomen als eine partielle Brechung der urspünglichen Kugelsymmetrie jedes der beiden isolierten Atome interpretiert werden: In der Tat stehen nämlich die Valenzelektronen der Atome, die durch ihre gegenseitige Annäherung zur Bildung eines Moleküls oder eines Kristalls beitragen, unter dem Einfluß eines Potentials, dessen Symmetrie im Vergleich zur Kugelsymmetrie des isolierten Atoms erniedrigt ist.

Die darauffolgende Symmetriebrechung kann – nach wie vor auf der Ebene des Einzelatoms – die Hybridisierung von Atomorbitalen zulassen, d. h. die Bildung von Hybridorbitalen, deren Lappen ent-

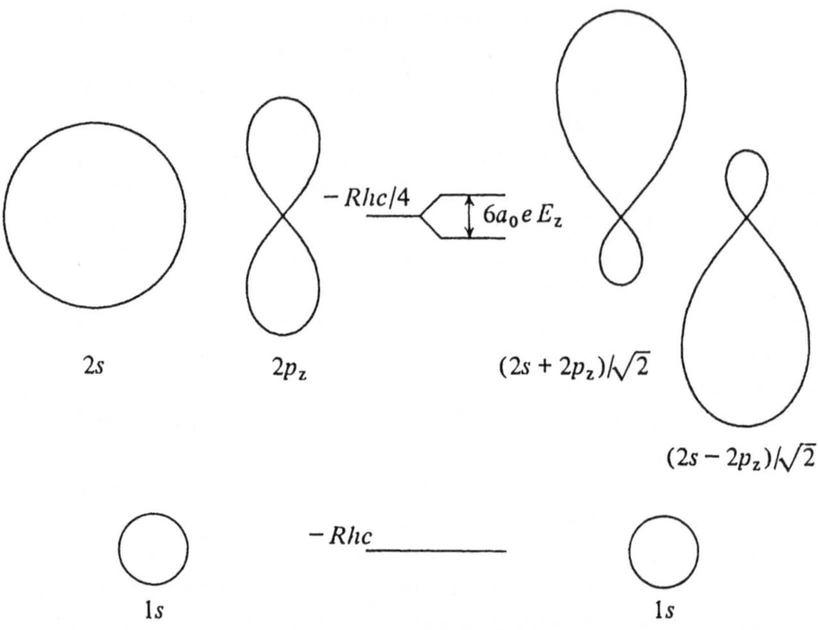

Bild 17 Neustrukturierung der Energieniveaus und Atomorbitale des Wasserstoffatoms, verursacht durch ein elektrisches Feld E_z, das längs der z-Achse ausgerichtet ist (vertikal). Unten ist das 1s-Orbital des Energiegrundniveaus $-Rhc$ = 13,59 eV dargestellt, links oben die symmetrisch um die z-Achse liegenden 2s- und $2p_z$-Orbitale des Energieniveaus $-Rhc/4$. In diesen beiden Orbitalen ist der Drehimpuls des Elektrons um die z-Achse gleich Null. Das Feld E_z läßt das 1s-Orbital und das zugehörige Energiegrundniveau unverändert. Das erste angeregte Niveau dagegen spaltet sich in die zwei Niveaus $-Rhc/4 \pm 3ea_1 E_z$ auf (wobei a_1 = 0,53 Å der Bohrsche Radius des Wasserstoffatoms ist); die Atomorbitale 2s und $2p_z$ hybridisieren nach der Brechung der Paritätssymmetrie zu den Hybridorbitalen $(2s + 2p_z)/\sqrt{2}$ und $(2s - 2p_z)/\sqrt{2}$, wie rechts oben gezeigt.

lang jener Richtungen verlaufen, die sich als die Bindungsrichtungen herausstellen.

Die Bildung von hybridisierten Atomorbitalen geht natürlich mit einer Aufspaltung und/oder Änderung der Energieniveaus der Valenzelektronen einher. Die bindenden Molekülorbitale, in denen sich die Elektronen jeweils paarweise anordnen, erhält man dann durch die Linearkombination der Hybridorbitale von unmittelbar benachbarten Atomen; letztere müssen in der Regel symmetrisch zur Bindungsachse sein. Als Beispiel für eine (trigonale) Hybridisierung ist das Benzol-Molekül in Bild 18 dargestellt.

Bisher haben wir den Einfluß eines statischen elektrischen Feldes auf die Struktur der Atomorbitale und der entsprechenden Energieniveaus betrachtet. Wird das elektrische Störfeld von außen angelegt, haben wir es mit dem Stark-Effekt zu tun. Entsteht das elektrische Feld durch die allmähliche Annäherung der Atome, kommt es zur Hybridisierung, d. h. zur Verschmelzung der Valenzorbitale jedes einzelnen Atoms; eine stärkere Annäherung bewirkt eine weitere Kombination, wobei nun die hybridisierten Atomorbitale der

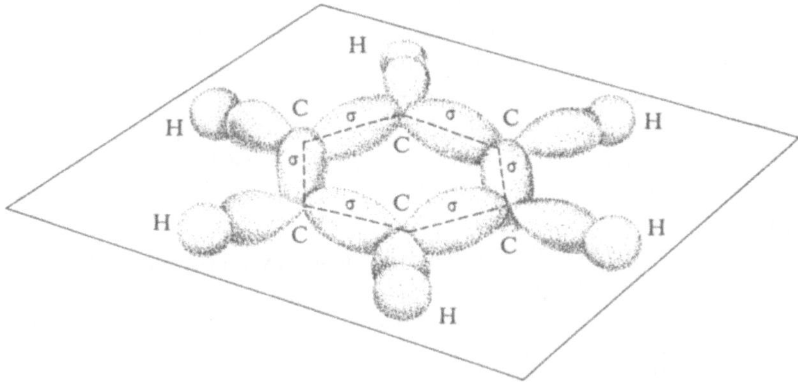

Bild 18 Die σ-Molekülorbitale des Benzols C_6H_6. Die sechs Kohlenstoffatome des Benzols sind ringförmig in der (x, y)-Ebene angeordnet; auch die sechs Wasserstoffatome liegen in der gleichen Ebene. Das Molekül ist planar.

Jedes einzelne Kohlenstoffatom hat im Grundzustand vier Valenzelektronen, die in den Atomorbitalen $2s$, $2p_x$, $2p_y$ und $2p_z$ „untergebracht" sind. Im nicht-kugelsymmetrischen Feld der zwei benachbarten Kohlenstoffatome und des benachbarten Wasserstoffatoms kombinieren die $2s$-, $2p_x$- und $2p_y$-Orbitale zu drei sp^2-Hybridorbitalen. Diese Hybrid-Atomorbitale zeigen in drei Richtungen im Winkel von jeweils 120° (trigonale Anordnung); jedes dieser sp^2-Hybridorbitale überlappt mit den Atomorbitalen der drei angrenzenden Atome (mit zwei ebenfalls sp^2-hybridisierten Orbitalen der Kohlenstoffatome und mit dem kugelsymmetrischen $1s$-Orbital des Wasserstoffatoms) und bringt auf diese Weise die σ-Molekülorbitale hervor. In jedem dieser Orbitale befinden sich zwei Elektronen.

Es sei erwähnt, daß die für die Chemie des Benzols wichtigen π-Molekülorbitale nicht eingezeichnet sind. Sie entstehen durch Überlappen der p_z-Atomorbitale (Quelle wie Bild 6).

jeweils direkt benachbarten Atome beteiligt sind: Es entstehen die Molekülorbitale, die von den Elektronen besetzt werden, die die kovalente chemische Bindung bewirken. Sowohl beim Stark-Effekt als auch im Fall der Hybridisierungsphänomene ist die Brechung der Symmetrie ausschlaggebend.

Eine Symmetriebrechung in Atomen oder Molekülen findet aber auch ohne die Einwirkung äußerer statischer elektrischer Felder statt, und zwar bei spektroskopischen Untersuchungen, also bei der Analyse absorbierter oder von den atomaren Systemen emittierter oder gestreuter Lichtstrahlung. Diese Strahlung läßt sich durch ein elektromagnetisches Feld beschreiben, das periodisch variiert und dessen Frequenz multipliziert mit der Planckschen Konstante gleich der Differenz zwischen den Energieniveaus ist, die durch den spektroskopischen Übergang miteinander verbunden sind (vgl. Bild 6). Der Prozeß läuft so ab, als ob die elektrische Komponente des elektromagnetischen Feldes an die Elektronen ankoppelt – hierbei kommt es zur Symmetriebrechung – und deren Übergang von einem Energieniveau zum anderen steuern würde, einem Mechanismus folgend, der im Fall des Wasserstoffmoleküls zum Charge-transfer-Spektrum führt (Abschnitt 2.3).

Spektroskopische Überlegungen dieser Art können außer für eines der zwei Elektronen des Wasserstoffmoleküls oder des Stickstoffatoms im Ammoniakmolekül auch für andere zentralsymmetrische Molekülsysteme angestellt werden.

So gesehen scheint ein Vergleich der spektroskopischen Mechanismen bei der Farbwahrnehmung und den Mechanismen, die der dynamischen Wahrnehmung der Doppeldeutigkeit von Resonanzstrukturen zugrundeliegen, nicht allzu gewagt. Denken wir zum Beispiel an die in Tafel IV ganz unten zu findende Struktur der graphischen Verschmelzung. Die innere Mittelwand wechselt – wir sind „versklavt" vom bildhaften Denken – alternierend zwischen den beiden aneinanderstoßenden Würfeleinheiten und oszilliert.

Tatsächlich muß man mit Rücksicht auf die hier entworfene Analogie dem Faktum Rechnung tragen, daß die Wahrnehmung einer doppeldeutigen Form sich nur im Gefolge eines komplizierten Prozesses der Kontrolle dieser Form seitens des Beobachters realisiert. Dieser Prozeß besteht im geistigen Sammeln der Bestandteile der Form, indem man sie in kohärente Muster einordnet und aufeinander bezieht, bevor man sie wieder vergißt. Kaum hat die Kontrolle der Anregungen eine bestimmte Schwelle überschritten, kommt es zu einer dynamischen Instabilität, die sich in der Brechung der Symmetrie und in der Entstehung des bildhaften Denkens manifestiert. Ein phänomenologisches Modell dieser Instabilität bei der Wahrnehmung wird im Kapitel 5 beschrieben.

Kapitel 4
Entropie und Information

1948 sah Shannon sich vor das Problem gestellt, den *Informationsgehalt einer Nachricht* zu definieren. John von Neumann, mit dem er darüber sprach, gab ihm folgenden Rat:

„Du solltest es Entropie nennen, und zwar aus zwei Gründen. Erstens weil deine Ungewißheitsfunktion mit dieser Bezeichnung in der statistischen Mechanik benützt wird und also schon einen Namen hat. Zweitens, und das ist vielleicht noch wichtiger, niemand weiß wirklich, was Entropie ist, und mit diesem Vorsprung kannst du in jede Diskussion hineingehen."

Auch im Bereich der sogenannten exakten Wissenschaften können Worte, fast wie im Spiel hingeworfen, leidenschaftliche und anhaltende Polemiken hervorrufen.

Und es wurde wirklich viel geschrieben über die *Entropie*, seit Clausius diese Größe im Jahre 1865 einführte, um die reversiblen thermodynamischen oder isentropischen Transformationen von den spontanen zu unterscheiden, und seit Boltzmann 1872 die statistische Interpretation dieses Begriffs als Zahl der möglichen Entscheidungen bzw. Ungewißheit lieferte. Wir können aber voraussagen, daß noch mehr dazu geschrieben werden wird, und zwar von jenen, die – seit 1948 – der Meinung sind, daß man die Verbindungen zwischen physikalischer Entropie in der statistischen Mechanik und in der Thermodynamik und der Information oder Informations-Entropie in der Nachrichtentheorie nicht ignorieren könne. „Niemand weiß wirklich, was die Entropie ist", sagte von Neumann. Tatsächlich scheint es unwahrscheinlich, daß sich jemand vollständig mit der Entropie (bzw. der Ungewißheit) vertraut machen und so jede Ungewißheit bezüglich der Entropie beseitigen könnte, um sich auf diese Weise eine vollständige Information zu verschaffen über das, was per definitionem ungewiß ist.

Hinsichtlich der Möglichkeit, Entropie und Information miteinander zu verbinden, stehen sich in der Forschungsliteratur zwei Haltungen gegenüber, wie die zwei nachstehenden Zitate zeigen:

„Mein Standpunkt ist, daß die Analogien interessant sind und es verdienen, genauer untersucht zu werden, aber sie gehen nicht so weit, daß sie neue Möglichkeiten für die gegenseitige Befruchtung beider Disziplinen eröffnen würden" (Beck, 1976)

„Information und Entropie erscheinen als einander zugehörig, indem die Information die Wahrscheinlichkeit einer bestimmten Auswahl unter den Elementen eines Codes mißt, während die Entropie die Wahrscheinlichkeit eines bestimmten thermodynamischen Zustands mißt und damit seine Tendenz, sich durch den (spontanen) Übergang in einen wahrscheinlicheren Zustand zu entwickeln." (Caianiello und Di Giulio, 1980).

Die Positionen reichen von jener der Ungläubigkeit – man erinnere sich etwa an die Definition von Fast (Abschnitt 2.4) – bis zur Überzeugung, die aus einer strengen Analyse des Problems der Messung in der Physik resultiert. Wir denken hier an die Position von Leon Brillouin, gefestigt durch die erfolgreiche „Austreibung" des Maxwellschen Dämons, für Generationen der Stachel im Herzen der Physiker. Ausgehend vom Zweiten Hauptsatz der Thermodynamik kommt Brillouin (1956) zu der Auffasssung, daß „the thermodynamical *entropy* measures the *lack of information* about a certain physical system".

Es gibt auch eine weitere Tendenz, die vor allem kulturell interessant erscheint, nämlich die Begriffe der physikalischen und der Informations-Entropie auf biologische und linguistische, monetäre und fiskalische, soziale und militärische wie auch auf Zahlen- und Wirtschaftssysteme anzuwenden.

An diesem Punkt angelangt, bedarf es wohl auch unsererseits einer Definition der Entropie. Wahrscheinlich bleibt sie unverständlich. Um sie akzeptabel zu machen, versuchen wir, ihre Bedeutung und ihre Wichtigkeit im Verlauf des ganzen restlichen Kapitels zu illustrieren. Die Definition der Entropie gibt für ein einfaches System im Zustand des thermodynamischen Gleichgewichts oder ganz nahe diesem Zustand. Die Entropie ist eine Funktion der Variablen, die diesen Zustand definieren – Volumen, innere Energie U und Teilchenzahl jeder Komponente des Systems. In einem komplexen, d. h. aus mehreren, einfachen Subsystemen zusammengesetzten und isolierten System, tendiert die Gesamtentropie (die Summe der Entropien der Subsysteme) zu einem Maximum. Soweit die Definition.

Als Zustandsfunktion des Systems hängt die Entropie nicht vom Weg zwischen zwei thermodynamischen Zuständen, sondern nur vom Anfangs- und Endzustand des Systems ab.

Die Entropie mißt die Transformation oder die Evolution eines Systems: dies ist der Grund, warum Clausius, der das Altgriechische gut kannte, der Entropie den Namen gab, den sie nun hat, nämlich „Verwandlungsgröße".

Die Entropie in ihrer Eigenschaft als Maß der Evolution charakterisiert sowohl die isolierten als auch die nicht isolierten physikalisch-chemischen Systeme. In isolierten (abgeschlossenen) Systemen steigt die Entropie einheitlich mit der Unordnung an und erreicht ihren Maximalwert mit dem thermodynamischen Gleichgewicht; in nicht isolierten Systemen – das sind Systeme, die mit der Umgebung Energie austauschen und/oder auch Materieflüssen ausgesetzt sind – kann die Entropie stellenweise auch absinken, begleitet von Prozessen der Neustrukturierung, die sich in Form einer zunehmenden räumlich-zeitlichen Organisierung von Information und in Form von Ordnung manifestieren.

In diesem Kapitel haben wir es vor allem mit dem Ersten und dem Zweiten Hauptsatz der Thermodynamik zu tun. Auf einige von den unzähligen Konsequenzen, die diese Prinzipien für unser Alltagsleben haben, wird exemplarisch hingewiesen. Im Abschnitt 4.2 betrachten wir statistische Aspekte der Entropie, wobei die

Äquivalenz von physikalischer Entropie und Informations-Entropie deutlich wird. Im Abschnitt 4.3 werden dann die Begriffe Entropie, Ordnung, Information und Symmetrie und die zwischen ihnen bestehenden Beziehungen weiter präzisiert. Der Abschnitt 4.4 behandelt schließlich die Entropie und die Information in den Systemen, die zu den faszinierendsten unter den sich selbst organisierenden Systemen gehören, nämlich der Sprache und der lebendigen Materie. Letztere „ernährt sich von *negativer Entropie*" (Schrödinger, 1943), so daß

> „... Leben operationell als Informationsverarbeitungssystem definiert werden kann – als eine strukturelle Hierarchie von Funktionseinheiten, die durch die Evolution die Fähigkeit erworben hat, die Information, die sie zur Selbstreproduktion benötigt, zu speichern und zu verarbeiten." (Gatlin, 1972)

4.1 Entropie und die Hauptsätze der Thermodynamik

Die Energiekrise, nach langer ‚Inkubationszeit' im Oktober 1973 ausgebrochen, hat wegen ihrer einschneidenden Rückwirkungen auf die Familienhaushalte die Aufmerksamkeit der Weltöffentlichkeit auf sich gelenkt.

Viele sind sich inzwischen der Tatsache bewußt, daß die Wärmeenergie eine Form von „abgebauter" Energie ist. Und alle haben – wohl durch eigenen Schaden – gelernt (sagt nicht Gabor, daß „man nichts umsonst bekommen kann, nicht einmal Information"?!), daß die verbreitete Angewohnheit, einen elektrischen Boiler mit Wärmeregler zu überhitzen, um dann das kochende Wasser mit kaltem Wasser auf die richtige Temperatur zu bringen, eine sinnlose Energieverschwendung mit sich bringt, ganz abgesehen von anderen Abbaumechanismen bei elektrischen Haushaltsgeräten. Außerdem hat sich das Bewußtsein der Notwendigkeit durchgesetzt, den Treibstoffverbrauch auf das Unerläßliche zu beschränken – durch vorsichtiges Fahren, das plötzliches Bremsen vermeidet, wie ein Radfahrer, der sozusagen einen „natürlichen Geiz" mit seiner Muskelenergie walten läßt. Mehr als fünfzehn Jahre nach dem Beginn der Energiekrise sind sogar die Automobilproduzenten an dem Punkt angelangt, den Kunden Modelle anzubieten, die es erlauben, den Treibstoffverbrauch auf ein Minimum zu reduzieren. Kurz und gut, die Zahl jener, die Reichtum und Wohlstand mit der kurzlebigen Großzügigkeit dessen verwechseln, der unwiederbringliche Reichtümer der Natur vernichtet, hat sich seit 1973 merklich verringert. Es gibt einigen Grund, sich darüber zu freuen.

Wenn wir uns jetzt zufrieden die Hände reiben, dann verspüren wir ein Wärmegefühl. Die mechanische Arbeit der sich aneinander reibenden Hände baut sich als Wärmeenergie ab und aktiviert die thermische Aufreizung der Atome, auf diese Weise den Temperaturanstieg in den Händen hervorrufend. Die von der mechanischen Arbeit ausgehende Wärmeentwicklung ist ihrerseits mit der Erzeugung von Entropie verbunden (in diesem Fall von thermischer Unordnung): Es ist also dieser Erzeugung von Entropie zu verdanken, daß die mechanische Arbeit jenes angenehme Wärmegefühl und nicht schmerzhafte Hautabschürfungen erzeugt.

Es existiert also ein „Wärmekanal", der – aktiviert von den Mechanismen der Entropieerzeugung – wie ein Sicherheitsventil schützt. Seiner Bestimmung gemäß ist er, stets bereit und gefräßig, in der Lage, alle anfallende mechanische Arbeit zu verdauen. Und es hätte unangenehme Folgen, wenn es nicht so wäre: Könnte sich die mechanische Arbeit nicht in der Entropie, d. h. in der Unordnung „abreagieren", alle Materialien wären zerbrechlich wie Glas und ungeeignet für die strukturellen Funktionen, die ihnen Ingenieure und Konstrukteure normalerweise anvertrauen, wenn sie sie in die Produkte einbauen.

Jede Medaille hat aber bekanntlich ihre Kehrseite. Die Erfahrung legt nahe, daß der umgekehrte Prozeß, die Umwandlung also von Wärmeenergie in mechanische Arbeit, zwar stattfinden kann, jedoch eine Wärmemaschine erforderlich macht, deren Wirkungsgrad immer, auch unter idealen Bedingungen, kleiner als Eins ist. Und wir haben uns ja, zum Beispiel, mit der Vorstellung abgefunden, daß es nicht genügt, Wärme an die Hände abzugeben, um sich die mechanische Energie zu verschaffen, die notwendig ist, damit wir uns wieder mit neuer Kraft die Hände reiben können.

Das bisher Gesagte läßt sich in das Schema des Ersten und Zweiten Hauptsatzes der Thermodynamik einfügen. Im folgenden legen wir eine klassische Formulierung dieser grundlegenden Hauptsätze vor.

94

Der Erste Hauptsatz der Thermodynamik legt fest, daß sich die
Energie in jeder ihrer Formen erhält:

Wird einem System eine Energie Q in Form von Wärme zuge-
führt, und wird auf das System eine mechanische Arbeit W angewandt, dann bildet die Summe $Q + W$ den Zuwachs an inne-
rer Energie U des Systems:

$$\Delta U = Q + W$$

Die thermische Energie ist demnach eine Form von Energie. Sie
ist jedoch weit weniger „flexibel" als die elektrische Energie und
außerdem weniger „edel" als die mechanische oder Gravitations-
energie. So ist zum Beispiel das Meer ein gewaltiger Energiespei-
cher. Das ändert nichts daran, daß es nach wie vor notwendig sein
wird, für die Schiffahrt Treibstoff zu verbrennen.

Der *Zweite Hauptsatz der Thermodynamik* liefert ein Kriterium zur
Kennzeichnung der verschiedenen Energieformen bzw. zu deren
Klassifizierung unter dem Gesichtspunkt der Nutzbarmachung:

Es ist unmöglich, einem Wärmebehälter Wärme zu entziehen
und in Arbeit zu verwandeln, ohne daß in den beteiligten Körpern noch andere Veränderungen vorgehen.

In dieser Formulierung des Zweiten Hauptsatzes, die wir Lord
Kelvin verdanken, übernimmt die Wärmeübertragung aus einem
System mit einer bestimmten Temperatur eine wesentliche Rolle.

Wie im Fall der Dampflokomotive kann die Wärme in mechanische Energie umgewandelt werden: jedoch nur teilweise und unter
Ausnutzung einer Temperaturdifferenz, d. h. einer Wärmequelle
(z. B. Heizkessel), die eine Wärmemenge Q_1 der Temperatur T_1 liefert, und einer Wärmesenke (z. B. Kühler), die eine Wärme Q_2 einer
niedrigeren Temperatur T_2 aufnimmt.

Wenn in einer Wärmemaschine die Wärmeübertragung abrupt
verläuft, werden entropieerzeugende Prozesse begünstigt, und der
Wirkungsgrad der mechanischen Arbeitserzeugung ist relativ niedrig.

Die Wärmeübertragung kann aber auch langsam vor sich gehen, d. h. fast statisch bzw. auf reversible Weise. Im ersten Fall durchlaufen die Wärmequellen und der flüssige Wärmeträger eine Abfolge von Gleichgewichtszuständen: Damit das geschehen kann, muß sich die Wärmeübertragung innerhalb einer ausreichend langen Zeitspanne vollziehen im Hinblick auf die für die Erreichung des lokalen Gleichgewichts notwendigen sogenannten Relaxationszeiten. Im zweiten Fall bleibt die Gesamtentropie des Wärmeträger-Wärmequelle-Systems unverändert: In demselben Maß, in dem sich die Entropie der Quelle bei der Temperatur T verringert, nimmt die Entropie des flüssigen Wärmeträgers zu. In beiden Fällen ist der Wirkungsgrad relativ hoch, ist jedoch nie Eins, wie wir gleich sehen werden.

Nun ist nicht gesagt, daß die Wärmeübertragung immer möglich ist. Die Erfahrung lehrt:

> Es ist unmöglich, eine Transformation durchzuführen, deren einziges Resultat die Wärmeübertragung von einem System bestimmter Temperatur auf ein anderes System höherer Temperatur ist.

Diese Darstellung des Zweiten Hauptsatzes nach Clausius entspricht der voranstehenden von Lord Kelvin. Auch hier wird eine Beschränkung bezüglich der Nutzbarmachung der Wärmeenergie ausgesprochen. Und wieder übernehmen die Wärmeübertragung und die Temperatur, bei der diese Übertragung stattfindet, eine wesentliche Rolle.

Richten wir also unsere Aufmerksamkeit auf die Beziehung zwischen Wärme und Temperatur.

Wenn eine Mutter die Stirn ihres Kindes mit den Lippen berührt, um festzustellen, ob das Kind Fieber hat, wird die Stirn tatsächlich manchmal ein bißchen „heiß" sein: Eine bestimmte Wärmemenge Q_1 wird von der Stirn mit der Temperatur T_1 entfernt und langsam auf die Lippe übertragen, die eine Temperatur T_2 – ein wenig niedriger als T_1 – aufweist.

Nehmen wir an, diese Übertragung gehe auf eine fast statische Weise vor sich. Man kann dann der Beziehung $(Q_1/T_1)_{\text{quasistatisch}}$

die Bedeutung eines Entropieflusses vom Kind zur Mutter zuordnen.

Im Zuge dieser Wechselwirkung wird die vom Kind abgegebene kleine Menge an Entropie von der Mutter erworben. Diese weiß davon wirksamen Gebrauch zu machen und übersetzt sie in die gewünschte Information über den Gesundheitszustand des Kindes: Der Prozeß verläuft also praktisch so, als erzeuge die Verringerung der Entropie oder der Ungewißheit in bezug auf das Kind eine Information über dessen Gesundheitszustand: die Entropie des Kindes verringert sich, die Information über seinen Zustand wächst. Information ist nur auf Kosten einer Veränderung der Entropie erhältlich.

Die gleiche Menge Q/T, die in der Lage ist, komplexe und komplizierte Mechanismen bei der Erzeugung von Information in Gang zu setzen, spielt bei der Wirkungsgradbestimmung einer Wärmemaschine zur Arbeitserzeugung eine Rolle.

1824 bestimmte Carnot das Konzept der Leistungserzeugung einer zyklisch *reversibel* funktionierenden Wärmemaschine dadurch, daß diese am Ende eines jeden Zyklus die innere, dem Ausgangszustand entsprechende Energie wiedergewinnen könne. Er zeigte, daß ein solcher Wirkungsgrad η_{max}, obwohl immer unter dem Wert Eins liegend, in jedem Fall die Leistung einer beliebigen anderen Wärmemaschine übertrifft, die im gleichen Temperaturintervall, aber auf nicht reversible Weise arbeitet.

Für eine Flüssigkeit, die der der (absoluten) Temperatur T_1 aus dem Heizkessel eine Menge $Q_{1,\text{rev}}$ reversibel aufnimmt und, ebenfalls auf reversible Weise, an den Kühler mit der Temperatur T_2 eine praktisch nicht mehr zurückzugewinnende Wärmemenge $Q_{2,\text{rev}}$ abgibt – für eine solche Flüssigkeit ist der Wirkungsgrad des Arbeitszyklus durch das Verhältnis von aufgenommener Energie (Arbeit) W und vom Heizkessel abgegebener Wärme definiert. Dieser Wirkungsgrad ist unabhängig von der Art der Flüssigkeit (der Arbeitssubstanz) und von der Mechanik der Maschine, sie hängt lediglich von der Temperatur des Heizkessels und des Kühlers ab und beträgt

$$\eta_{\text{max}} = \frac{W}{Q_{1,\text{rev}}} = \frac{Q_{1,\text{rev}} - Q_{2,\text{rev}}}{Q_{1,\text{rev}}} = \frac{T_1 - T_2}{T_1} = 1 - \frac{T_2}{T_1}$$

Der ideale Wirkungsgrad ist demnach stets niedriger als Eins.

In der Wirklichkeit arbeitet jede zyklische Maschine in nicht reversibler Weise, und als solche kann sie nur eine Wärmemenge $(Q_1 - Q_2)$, die *niedriger* als $(Q_{1,rev} - Q_{2,rev})$ ist, in Arbeit umwandeln. Sie hat daher einen Wirkungsgrad η, der unterhalb η_{max} liegt:

$$\eta = \frac{Q_1 - Q_2}{Q_1} \leq \frac{T_1 - T_2}{T_1} = \eta_{max}$$

In einem typischen Kraftwerk mittlerer Leistung z. B. wird die Arbeitssubstanz (also das Waser) auf über 500 °C (773 K) erhitzt, und der Dampf kondensiert nicht oberhalb von 40 °C (313 K). Abgesehen von Verlusten und von der nicht unbeträchtlichen Energiemenge, die für den Bau des Kraftwerks aufgewandt und bei der Herstellung der Materialien für Maschinen und Konstruktionsarbeiten benötigt wird, übersteigt der reale Wirkungsgrad knapp 40 %, während er im Idealfall $\eta_{max} \approx$ (773 K − 313 K)/773 K = 60 % beträgt.

Trotz der eben formulierten Zusammenhänge gab es immer wieder sinnlose Anstrengungen, das Unmögliche – wie etwa ein perpetuum mobile – zu erreichen (einige Wirkung scheint hier übrigens eine paradoxe Schrift von Regge (1981) zu haben). Wegen ihrer unbegrenzten Anwendbarkeit erlauben es diese Beziehungen, die detaillierte Berechnung von Einzelfällen zu umgehen. Eben ihre Allgemeinheit ist es aber auch, die ihre Brauchbarkeit für die zahlreichen Fälle einschränkt, in denen das Detail oder die Dynamik der Mechanismen oder die Art des Arbeitsmediums und dessen Wechselwirkung mit der Umgebung oder die vielfältigen Aspekte der Irreversibilität eine entscheidende Rolle spielen.

Die voranstehenden Relationen können verallgemeinernd zu der Ungleichung

$$\frac{Q_1}{T_1} - \frac{Q_2}{T_2} \leq 0$$

zusammengefaßt werden, wobei das Gleichheitszeichen sich auf einen idealisierten, reversiblen Arbeitszyklus bezieht, dessen Wirkungsgrad den Maximalwert erreicht.

Man kann einen Prozeß auch in infinitesimal kleine Abschnitte „zerlegen"; mathematisch bedeutet dies, daß man mit differentiellen Änderungen rechnet. In einem stets reversiblen Zyklus sind die einzelnen Abschnitte durch die Beziehung

$$dS = \left(\frac{dQ}{T}\right)_{rev}$$

definiert. Die differentielle Größe dS ist dann der *Entropiezuwachs* während eines (infinitesimal kleinen) Zyklusabschnittes. Betrachtet man nun den vollständigen reversiblen Zyklus, so stellt man fest, daß die Entropie S der Arbeitssubstanz wieder denselben Wert annimmt, den sie zu Beginn hatte – die Entropie ist eine Zustandsfunktion.

Bei irreversiblen Prozessen – bei spontan ablaufenden Vorgängen, in denen das System nicht im Gleichgewicht mit der Umgebung steht – wird Entropie erzeugt, wenn das System von einem Zustand A zu einem Zustand B übergeht; die Entropie S_B des Zustandes B ist größer als die des Ausgangszustandes A:

$$S_B > S_A.$$

Spontane, irreversible Änderungen in einem isolierten System gehen mit einem Entropiezuwachs einher. – Die Entropie strebt einem Maximum zu. Ist dieses erreicht, befindet sich das System in einer Gleichgewichtskonfiguration und ist nicht mehr imstande, sich zu ändern oder Arbeit zu liefern, zumindest sofern es nicht durch von außen angekoppelte Systeme dazu gebracht wird.

Mit dem Zuwachs von Entropie in einem isolierten System verringern sich die Möglichkeiten, daraus Energie zu gewinnen. In diesem Sinn liefert uns die Entropie ein Maß für den Qualitätsmangel der Energie.

Zur Relation $S_B > S_A$ schrieb Clausius 1865 (nach Beretta, 1979):

„Wenn wir einen passenden Namen für S angeben wollen, können wir sagen, daß S die Umwandlungsfähigkeit eines Systems ist, im gleichen Sinn, wie wir sagen, daß die Größe U der Wärme- und Arbeitsinhalt dieses Systems ist. In jedem Fall – da es nach meiner Meinung besser ist, für die Größenbezeichnungen, die wie die vorliegenden für die Wissenschaft von Bedeutung sind, die antiken Sprachen heranzuziehen – schlage ich für die Benennung von S den Namen Entropie des Körpers, aus dem Griechischen ἐντροπή, Transformation."

Es bedarf einer gewissen Aufmerksamkeit bei der Bestimmung des isolierten Systems, in dem der Entropiezuwachs stattfindet. Die Entropie einer Tasse mit heißem Tee, die auf dem Tisch stehend abkühlt, nimmt ab. Diese Abnahme wird jedoch mehr als kompensiert durch den Entropiezuwachs, der in der unmittelbaren Umgebung z. B. durch die Zuführung von Wasserdampf und durch die mittels Leitung auf dem Tisch stattfindende Wärmeübertragung hervorgerufen wird. Die Wärmeübertragung von einem warmen Bereich in einen kälteren Bereich eines isolierten Systems ist also ein spontaner und irreversibler Prozeß, charakterisiert durch einen Entropiezuwachs des gesamten Systems.

Andere typische analoge Prozesse, die uns vertraut sind, sind jene, die spontan mit dem *Zunehmen der Entropie* bis zu einem Maximalwert und *mit der Zeit* die Milch und den Kaffee *auf irreversible Weise* dazu bringen, sich zum Milchkaffee zu vermischen, eine Rauchschwade veranlassen, sich in der Luft zu verteilen und sich „in Nichts" aufzulösen, eine Schaukel, von der ein Kind heruntergesprungen ist, nach und nach zum Stillstand bringen: Es handelt sich um Evolutionen der Systeme, die auf Gleichgewichtszustände abzielen, in denen keine Transformationen mehr stattfinden und in denen die Entropie einen Maximalwert erreicht.

4.2 Statistische Bedeutung der Entropie: Unordnung und Desinformation

In diesem Abschnitt wird die statistische Bedeutung der Entropie vorgestellt als eine Vergrößerung von Unordnung auf der mikroskopischen Ebene einer Struktur, sofern den atomaren Einheiten, aus denen sie sich zusammensetzt, eine gewisse Entscheidungsfreiheit zugestanden wird. Die Entropie stellt genau die Zahl der Entscheidungsschritte dar, die zu allen mikroskopischen Konfigurationen führen, die der makroskopischen Gleichgewichtsstruktur unterliegen.

Unsere Analyse der statistischen und der thermodynamischen Bedeutung der Entropie wollen wir anhand zweier Transformationen vertiefen: anhand des Überganges Ordnung-Unordnung in einer binären Legierung und anhand einer wärmeelastischen, isentropischen Deformation im Gummi.

Wir betrachten die binäre Legierung CuZn. In dieser Legierung ordnen sich die Atome in einem kubisch-raumzentrierten Gitter. Je nach der Verteilung der beiden unterschiedlichen „Sorten" von Atomen (Kupfer und Zink) können zwei Typen von Strukturen entstehen: eine ideal geordnete und eine ungeordnete Struktur.

In der *ideal geordneten* Struktur (Bild 19a) ordnen sich die Atome (z. B. Kupferatome) an den Eckpunkten jedes Würfels, die Zinkatome im Zentrum: In diesem Fall wechseln sich die benachbarten Atome der beiden Arten in geordneter und systematischer Weise längs der Diagonalen der Würfelzellen ab und bilden eine Sequenz der Form

... Cu Zn Cu Zn Cu Zn Cu ...

In der *allgemeinen ungeordneten Struktur* (Bild 19b) sind dagegen *im Durchschnitt* an jedem Gitterpunkt, sei es an den Eckpunkten oder im Zentrum der Würfelzelle, soviele Kupferatome wie Zinkatome: Es gibt aber zumindest, im Unterschied zur geordneten Legierung, hier keine Korrelation zwischen dem Vorkommen eines Atoms der einen Art an einem bestimmten Punkt und dem Vorkommen eines Atoms der gleichen oder der anderen Art an den benachbarten Punkten. Mit dem Abnehmen dieser Korrelation geht man schrittweise von der ideal geordneten und redundanten Struktur zu einer vollständig ungeordneten (oder ungewissen) Struktur über, die

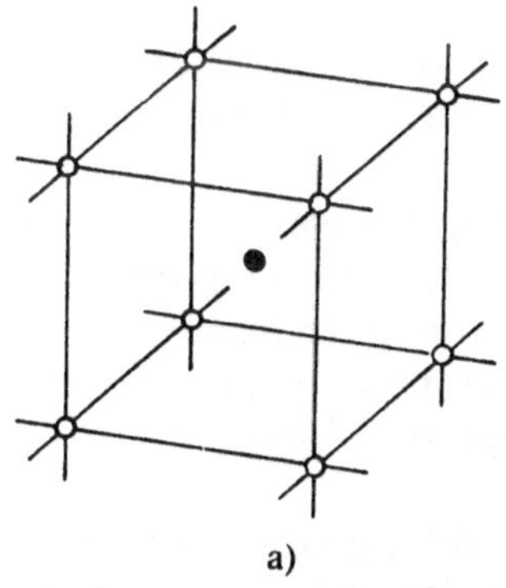
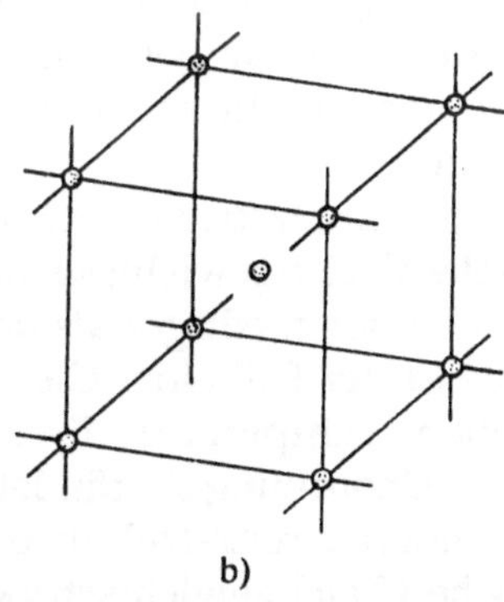

a)   b)

Bild 19 Elementarzelle einer a) geordneten und b) ungeordneten Kupfer-Zink-Legierung. Für die ungeordnete Legierung gilt die gleiche Wahrscheinlichkeit, ein Kupfer- oder ein Zinkatom in irgendeiner der Gitterpositionen aufzufinden.

reich an Anordnungsentropie ist (oder auch, wie wir sehen werden, an Informations-Entropie).

Die Unordnung in der Struktur der Legierung nimmt mit der Temperatur zu und wird von zwei miteinander konkurrierenden Faktoren kontrolliert, Ordnungsstifter der erste, Urheber von Unordnung der zweite:

(1) die relativen Wechselwirkungsenergien zwischen benachbarten Kupferatomen, zwischen benachbarten Zinkatomen und zwischen benachbarten Kupfer- und Zinkatomen. Damit sich die Legierung bilden kann, ohne daß gleichnamige Atome als Kristallite aus reinem Kupfer oder reinem Zink ausscheiden, muß die Anziehungskraft zwischen den Atomen verschiedener Art größer sein als diejenige zwischen gleichartigen Atomen. Dem Faktor, der bei der hier betrachteten Legierung die benachbarten Atome veranlaßt, sich gegenseitig anzuziehen, steht der zweite Faktor gegenüber, nämlich

(2) die Wahlfreiheit bezüglich der für die Atome der Legierung vorgesehenen Gitterpunkte. Wie wir sehen werden, läuft der Prozeß der Verteilung so ab, als könnten die Atome tatsächlich selbst diese Wahl treffen, unabhängig von obigen energetischen Betrachtungen, und zwar um so mehr, je höher die Temperatur der Legierung ist. Und wirklich weist die Legierung oberhalb einer als kritisch bezeichneten Temperatur de facto nie ein geordnetes Anordnungsmuster auf.

Im Anhang IV findet sich eine Anwendung der kombinatorischen Methode zur Bestimmung der Zahl der mikroskopischen Konfigurationen, die den zwei Grenzstrukturen der Legierung unterlegt sind.

Die eine Grenzstruktur ist die vollständig ungeordnete makroskopische Gleichgewichtsstruktur, in der der ordnungsstiftende Faktor deutlich niedriger als der die Unordnung fördernde Faktor ist: Dies ist der Fall einer Gleichgewichtstemperatur, die über der kritischen Temperatur T_c liegt, bei der der Übergang Ordnung $\rightleftarrows$ Unordnung stattfindet.

Die andere Grenzstruktur ist die vollständig geordnete makroskopische Gleichgewichtsstruktur, in der der ordnungsstiftende Faktor deutlich den die Unordnung fördernden Faktor überwiegt:

In diesem Fall ist die Gleichgewichtstemperatur niedriger als die kritische Temperatur T_c.

Die Zahl der Konfigurationen erweist sich als gebunden an die Wahlfreiheit (Zn oder Cu), die im Innern der Legierung für jede einzelne Position im Kristallgitter herrscht, und deshalb ist diese Zahl auch an die Informations-Entropie geknüpft.

Andererseits sind im Zustand des Gleichgewichts spezifische Wärme, Temperatur und physikalische Entropie miteinander verbunden. Durch die Messung der Temperaturabhängigkeit der spezifischen Wärme der Legierung wird es möglich, sowohl den physikalischen Entropiezuwachs im Verlauf der Umwandlung der ideal geordneten makroskopischen Anordnung in die vollständig ungeordnete zu bestimmen, als auch in der Folge diesen Zuwachs mit dem kombinatorisch erhaltenen Zuwachs an Informations-Entropie zu vergleichen.

Auch im Lichte der von Brillouin für das Maxwellsche Paradoxon vorgeschlagenen Lösung (siehe Anhang III) kommt man zu folgendem Ergebnis: Wenn man jeder binären Entscheidung (also dem bit Zn oder Cu) einen Gehalt an Informations-Entropie gleich dem Produkt aus der Boltzmann-Konstante k_B und dem natürlichen Logarithmus von Zwei zuordnet, dann gilt nach Brillouin die folgende Äquivalenz zwischen physikalischer Entropie und Informations-Entropie bzw. Ungewißheit:

$$1 \text{ Informationsbit} \triangleq k_B \ln 2 = 0{,}96 \cdot 10^{-23} \text{ JK}^{-1}$$

Das bedeutet also, daß die Unordnung und mit ihr die physikalische Entropie der Legierung in dem Maß steigt, wie die Entscheidungsfreiheit und mit ihr die Informations-Entropie zunimmt. Außerdem ist, noch allgemeiner ausgedrückt, der Erwerb von Information bzw. die Beseitigung von Ungewißheit in einem Teil eines isolierten Systems nur möglich, wenn gleichzeitig die physikalische Entropie des Gesamtsystems global nicht weniger zunimmt, als die Informations-Entropie lokal abnimmt.

Die Entropie ist also eine statistische Größe, sowohl mit dem Begriff der Unordnung als auch mit dem der Ungewißheit oder Desinformation verbunden.

Dem Leser, der sich über verschiedene mögliche Bedeutungen der Entropie noch nicht ganz im klaren ist – Unordnung, Beziehung zwischen reversibel ausgetauschter Wärme und Temperatur, Maß des Informationsgehalts, Maß des Qualitätsabbaus oder -mangels von Energie usw. – möchten wir ein Experiment vorschlagen, das es ihm erlaubt, direkt und persönlich die Wirkung zweier einander entgegengesetzter Beiträge zur Entropie, nämlich der Schwingungsentropie ΔS_v und Anordnungsentropie ΔS_o während der wärmeelastischen Verformung von Gummi wahrzunehmen. Es handelt sich um ein wirklich einfaches Experiment, zu dem lediglich ein Gummiband erforderlich ist.

Wir legen das Gummiband für einige Sekunden an die Oberlippe (unser Thermometer), um so vor allem die Bezugstemperatur (de facto die Zimmertemperatur) zu registrieren. Dann ziehen wir mit einer abrupten Bewegung an dem Gummiband und führen es neuerlich an unser Lippenthermometer: wir bemerken, daß sich die Temperatur geringfügig erhöht hat. Nach einigen Augenblicken des Wartens, damit das (nach wie vor gespannte, aber nicht mehr in Kontakt mit den Lippen stehende) Gummiband sich wieder auf die Zimmertemperatur abkühlen kann, geben wir der Spannung unvermittelt nach und halten das Band wieder an die Lippen: die Empfingung von Kühle, die jetzt deutlich zu spüren ist, geht auf den *thermoelastischen Effekt* zurück. Dieser Effekt, soeben reproduziert, wurde 1851 von Lord Kelvin entdeckt. Er besteht in Temperaturveränderungen, die aufgrund von parallel stattfindenden Verformungen des Materials entstehen und sowohl vom Grad der Ausdehnung als auch von der Geschwindigkeit, mit der die Verformung vor sich geht, und schließlich von der Beschaffenheit des Materials selbst abhängen.

Zur Erklärung dieses Phänomens ist daran zu erinnern, daß der Gummi ein polymeres Material ist, bestehend aus einem Gewirr von langen Makromolekülen (z. B. Polyisopren), die gelegentlich durch Querbindungen miteinander verknüpft sind. Die Struktur des Gummi ähnelt der von nicht zu weich gekochten, auf einem Teller ineinander verschlungenen Fusilli-Nudeln. (Dies sind korkenzieherartig gewundene Nudeln.) Zieht man an dem Gummi, dehnen sich die Makromoleküle in Zugrichtung und nehmen (wie die Nudeln, die von der Gabel hängen) ein Anordnungsmuster an, das im Vergleich zu jenem der Ausgangssituation geordneter ist. Wie wir wissen, wird das Maß der Unordnung, d. h. des Fehlens einer Korrelation zwischen den Elementen einer Struktur (im Fall des Gummis die Polyisopren-Makromoleküle) von der Entropie geliefert. Die Entropie tendiert dazu, in den isolierten Systemen zuzunehmen, bleibt aber konstant im Verlauf von adiabatischen, reversiblen Transformationen ($\Delta Q = 0$) für die die thermoelastische Verformung des Gummi ein Beispiel darstellt: es handelt sich um thermomechanische Transformationen, die ausreichend schnell ablaufen, daß sie dem Material keine Möglichkeit geben, Wärme mit der Umgebung auszutauschen, und andererseits langsam genug vor sich gehen, um irreversible Prozesse von viskoser Dissipation der mechanischen Energie in Wärmeenergie zu vermeiden. Im Gummi (wie in der CuZn-Legierung) setzt sich die Entropie aus zwei Teilen zusammen: eine Entropie S_o in bezug auf das Anordnungsmuster, die zur strukturellen Unordnung gehört, und eine Entropie S_v in bezug auf die Vibration, die zur Unordnung der thermischen Molekularbewegungen gehört. Bei konstanter Gesamtentropie – während einer isentropischen Dehnung, die in der Struktur ordnungsstiftend wirkt – nimmt S_o im selben Grad ab, in dem S_v zusammen mit der Temperatur ansteigt. Umgekehrt geht die Temperatur während isentropischer Kompression zurück, eben so, wie wir es vorhin im Experiment festgestellt haben.

Nebenbei bemerkt, das Verhalten des Gummibandes läßt sich in eine sehr vielfältige und noch heute selbst unter den Spezialisten wenig bekannte Phänomenologie einordnen, mit der man sich im Labor konfrontiert sieht, wenn man sich bei der mechanischen Belastung eines Materials nicht wie gewöhnlich auf die Messung der Verformungen beschränkt, sondern auch die diesen Vorgang begleitenden Temperaturänderungen registriert. Das thermomechanische Verhalten der Materie zu erforschen, indem man die Ursachen im atomaren Maßstab auf spektroskopischer und synergetischer Basis interpretiert, stellt eine reizvolle intellektuelle Herausforderung dar und eröffnet gleichzeitig interessante Perspektiven im Anwendungsbereich. Aus Platzgründen und thematischen Überlegungen können wir uns hier nicht weiter mit diesen Aspekten beschäftigen (siehe z. B. Bottani et al., 1982).

Neuerdings hat man den Begriff der Entropie auf die Sozialwissenschaft ausgedehnt, um verschiedenartige sich selbst organisierende Systeme zu charakterisieren, die nicht weit entfernt vom thermodynamischen Gleichgewicht liegen und auf die, wie bei den physikalisch-chemischen Systemen, statistische Methoden anwendbar sind. Wir nennen hier Sprachsysteme (Abschnitt 4.4), das Geldsystem (Caianello, 1978) und das Fiskalsystem (Silvestri, 1977).

4.3 Weiteres zu Entropie, Ordnung, Information und Symmetrie

Um die Begriffe Ordnung, Information und Symmetrie sowie die Relationen, die jeweils zwischen diesen und der Entropie bestehen, weiter zu präzisieren, betrachten wir noch einmal die Transformation Ordnung $\rightleftarrows$ Unordnung in der binären Legierung CuZn.

Es hat sich gezeigt, daß die Legierung mit dem Ansteigen der Temperatur vom geordneten Zustand in einen ungeordneten (von einer geordneten Phase in eine ungeordnete Phase) übergeht.

Vom Gesichtspunkt der Anordnung der Elemente her ist der ideale Ordnungszustand durch eine vollständige Korrelation zwischen dem Vorkommen eines Atoms einer bestimmten Art in einer beliebigen Gitterposition und dem Vorkommen aller anderen Atome in allen anderen Gitterpositionen charakterisiert. Jedoch verändert sich – vergleichbar etwa mit der redundanten Kopf-Zahl-Abfolge in einer soeben geöffneten Rolle mit funkelnagelneuen Münzen – die anfänglich regelmäßige, geordnete und organisierte Verteilung der Atome in dem Maß, in dem sie sich – thermisch aktiviert – untereinander vermischen. Die Beziehung zwischen den von gleichartigen oder verschiedenartigen Atomen besetzten Gitterpositionen, anfänglich auch auf der Basis großer Entfernungen vorhanden, beginnt sich aufzulösen. Das heißt, sie bleibt in immer kleiner werdenden räumlichen Dimensionen weiter bestehen, bis schließlich eine der unzähligen ungeordneten Konfigurationen erreicht ist und sich auch die Ordnung auf kurze Distanz auflöst. In solchen Anordnungsmustern herrscht die Ungewißheit: das einzige sichere Faktum darin ist die systematische Abwesenheit irgendeiner Korrelation zwischen dem Vorkommen eines Atoms einer bestimmten Art (z. B. Zn) an einer Gitterposition und dem Vorkommen eines gleichartigen oder verschiedenartigen Atoms (Zn oder Cu) in den benachbarten Positionen.

Das eben Gesagte bezüglich des Beitrags der Konfiguration zur Entropie der Legierung gilt mutatis mutandis auch für den entsprechenden Beitrag der Schwingungen.

Ordnung kann daher definiert werden als ein Maß der Korrelation in der Konfiguration und bei den Bewegungsabläufen der Struktureinheiten eines Systems.

Global gesehen werden das schrittweise *Verschwinden der Ordnung* und das damit einhergehende Einsetzen der Unordnung durch den *Entropiezuwachs* gemessen.

Betrachten wir nun die Transformation Unordnung → Ordnung bei der Zweistofflegierung CuZn. Die anfängliche Unordnung ist durch eine Informations- bzw. Konfigurations-Entropie $Nk_B \ln 2$ charakterisiert, wenn N freie binäre Entscheidungsschritte möglich sind. Mit dem Absinken der Temperatur unter die kritische Temperatur T_c verläuft der Prozeß so, als ob die binären Entscheidungsschritte – ein wenig wie in einem „frisierten" Roulette-Spiel – immer mehr vom interatomaren Potential beeinflußt würden, bis sie schließlich wirklich in Richtung auf *eine* Position festgelegt sind. An die Stelle der ursprünglichen Ungewißheit im Anordnungsmuster der Atome treten strukturelle Korrelationen und Regelmäßigkeiten, die immer deutlicher werden. Die Beseitigung der mit der Eliminierung der Informations-Entropie und der Entscheidungsfreiheit verbundenen Ungewißheit (oder, mit anderen Worten, die Shannonsche Redundanz bzw. Brillouinsche Information) fördern (oder verändern jedenfalls) die strukturelle Ordnung im Innern der Legierung.

Das Beispiel der Ordnung-Unordnung-Transformation in der Kupfer-Zink-Legierung, mit dem wir uns bisher beschäftigt haben, dient auch zur weiteren Präzisierung des „Konflikts" zwischen Symmetrie und Ordnung, auf den in der Einleitung hingewiesen wurde.

Beim Übergang dieser Legierung von der ungeordneten zur geordneten Phase verringert sich die Translationssymmetrie. Die Translationen, die schrittweise entlang den zwei beliebige Gitterpunkte verbindenden Linien ausgeführt werden, definieren nämlich in der *ungeordneten* Phase Symmetrieoperationen (d. h. Operationen, die die Eigenschaft haben, daß man nach ihrer Durchführung nicht feststellen kann, daß sie durchgeführt wurden). In der *geordneten* Phase hingegen erweisen sich als Symmetrieoperationen nur die Translationen um genau eine Kantenlänge der würfelförmigen Elementarzelle (oder um ein Vielfache einer Kantenlänge) der Legierung CuZn (Bild 19); so sind z. B. von den Symmetrieoperationen die Translationen entlang der Raumdiagonalen des Würfels, und zwar eine Verschiebung um eine halbe Raumdiagonale, ausgeschlossen.

Nach wie vor im Hinblick auf den Konflikt zwischen Ordnung und Symmetrie ist anzumerken, daß ein Kristall, den wir mittels einer periodischen Translation der Elementarzelle erhalten haben, eine weniger symmetrische und geordnete Struktur als das ideale Gas hat, von dem ausgehend man den Kristall mittels Erstarrung auf ideale Weise erzeugen könnte. Man kann ja im idealen Gas jede Translation als Symmetrieoperation auffassen. Im Kristall dagegen (Bild 20) ist die Anzahl der Symmetrieoperationen beträchtlich reduziert. Der Kristall ist folglich eine sowohl geordnete als auch symmetrische Struktur: symmetrisch insofern, als er einige diskrete Translations-Symmetrieelemente aufweist, geordnet insofern, als in

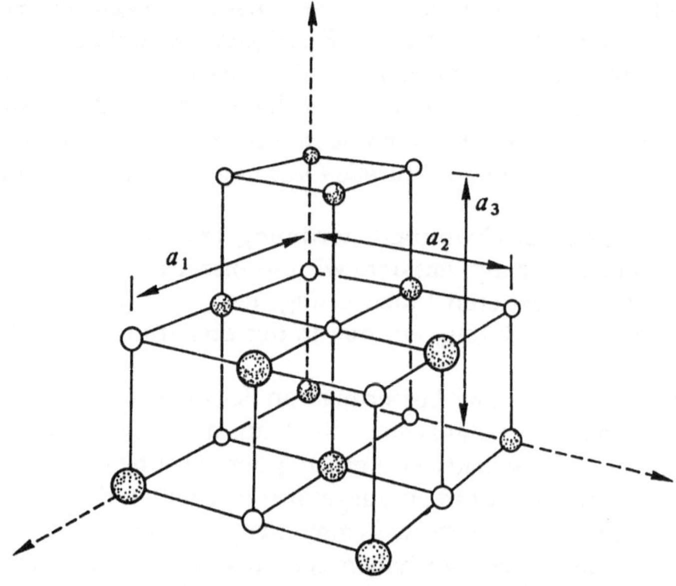

Bild 20 Struktur eines Natriumchlorid-Kristalls (Kochsalz). Dargestellt ist hier die Elementarzelle, deren Kanten a_1, a_2 und a_3 einen Würfel bilden. Den Kristall könnte man folgendermaßen erhalten: Die Elementarzelle wird parallel zu sich selbst und kongruent in die drei von den Kanten gebildeten, zueinander im rechten Winkel stehenden Richtungen verschoben (Quelle wie Bild 6).

dieser Symmetrie alle anderen Elemente stetiger Translationssymmetrie fehlen, die eine homogene Struktur (z. B. die Gasphase der gleichen Substanz) aufweisen würde.

Was läßt sich nun über den leeren und homogenen Raum sagen?

„Es gibt nur ein einziges Konzept – so können wir sagen –, dessen Symmetrie absolut ist: die vollständige Leere, das Nichts." (Mathies, 1973)

Streng genommen ist das, was man üblicherweise mit dem leeren und homogenen Raum meint, jenseits der Grenzen der Physik angesiedelt und kann daher nur mühsam in unserem Schema Platz finden. *Im Leeren gibt es vollständige Symmetrie*: alle Operatoren vertauschen mit dem Energie-Operator, der der Null-Operator ist. Aber *im Leeren gibt es auch die vollständige Ordnung*: das absolut Leere ist nur erfaßbar am unerreichbaren absoluten Nullpunkt ($T = 0$ K) und setzt die gleichzeitige Abwesenheit von Materie und Strahlung voraus. Für dieses absolute Nichts gibt es nur einzige Möglichkeit – also kommt ihm eine Entropie von Null zu.

4.4 Information in der Sprache, in der Musik und in der Genetik

Nach der Meinung E. Laszlos gibt es „eine immer größere Evidenz bezüglich der Tatsache, daß die biologische und die soziokulturelle Evolution zwei Aspekte desselben grundlegenden Evolutionsprozesses in der Natur sind". Unter diesem Gesichtspunkt könnte es sich als interessant erweisen, den in einer natürlichen Sprache enthaltenen Informationsgehalt komparativ zu untersuchen – in einem System also, das in Sequenzen von alphabetischen Symbolen oder Ideogrammen organisiert ist und es ermöglicht, Gedanken auszudrücken, innerhalb der Gesellschaft zu kommunizieren und kulturelle Werte zu vermitteln, wobei dieses System die Entwicklung der Zivilisation bedingt – und, auf der anderen Seite, in der Sprache der Genetik, einem Organisationssystem von Struktureinheiten innerhalb der biologischen Strukturen, das die biologischen Funktionen leitet und das Weiterbestehen der Arten erlaubt.

Natürliche Sprache und Sprache der Genetik bilden zwei Strukturen, die in einem Prozeß langsam vorangehender Evolution miteinander in Wechselwirkung stehen, und deren Eigenschaften mit einer vergleichenden Methode im Rahmen der Informationstheorie analysiert werden können.

In diesem Abschnitt werden noch einmal die Begriffe der Informations-Entropie und der Redundanz diskutiert. Dann werden einige Eigenschaften der natürlichen Sprache und der Sprache der Genetik vorgestellt und erläutert. Schließlich geben wir einen Ausblick auf einige interessante Forschungsarbeiten auf dem Gebiet der Sprachen und der Biologie.

Wir haben gesehen, daß ein „Alphabet" aus zwei Atomsymbolen (Cu, Zn) die Definition einer Legierungsstruktur und der in ihr vorhandenen Ordnung mittels einer Folge von binären Entscheidungsschritten möglich macht. Vom funktionellen Standpunkt aus gesehen unterscheidet sich das Alphabet {Cu, Zn} nicht vom Morsealphabet {·, –, stummes Intervall} und letztlich auch nicht vom Alphabet einer natürlichen Sprache wie z. B. {a, b, c, ..., z}. Auch diese Alphabete ermöglichen es, Strukturen zu bilden – in diesem Fall sprachliche statt kristalline, indem sie in Form von Sequenzen die entsprechen Entscheidungsschritte durchführen. Im Fall des Alphabets {Cu, Zn} handelt es sich um binäre Wahlmöglichkeiten. Für das uns geläufige Alphabet müssen die Entscheidungen auf der Basis einer größeren Anzahl von verschiedenen Symbolen getroffen werden (26, oder auch mehr, wenn wir die Interpunktionszeichen dazurechnen wollen).

Nach wie vor in Hinsicht auf die Funktionsweise ist das Alphabet aus den Atomsymbolen (Cu, Zn) nicht unähnlich dem Alphabet der Basen {C, G, A, T}, die längs der DNA-Doppelhelix, dem Träger der genetischen Information, paarweise geordnet aufeinanderfolgen (Bild 21).

Die Desoxyribonucleinsäure DNA ist ein Polymer mit einem Molekulargewicht von einigen Millionen Gramm/Mol, das in allen lebenden Organismen vorhanden ist. Sie besteht aus einem Paar von (Molekül-)Strängen, die sich in jeweils einer Spirale gleichförmig um eine gemeinsame Achse winden (Bild 22). Jede der beiden Spiralen ist aus einer Folge von Basen gebildet (Adenin A; Thymin T; Cytosin C; Guanin G).

Jede Base ist an die beiden längs der Spirale angrenzenden Basen über Phosphodiesterbrücken gebunden. Benachbarte Basen, die den beiden Strängen angehören, sind normalerweise durch Wasserstoff-

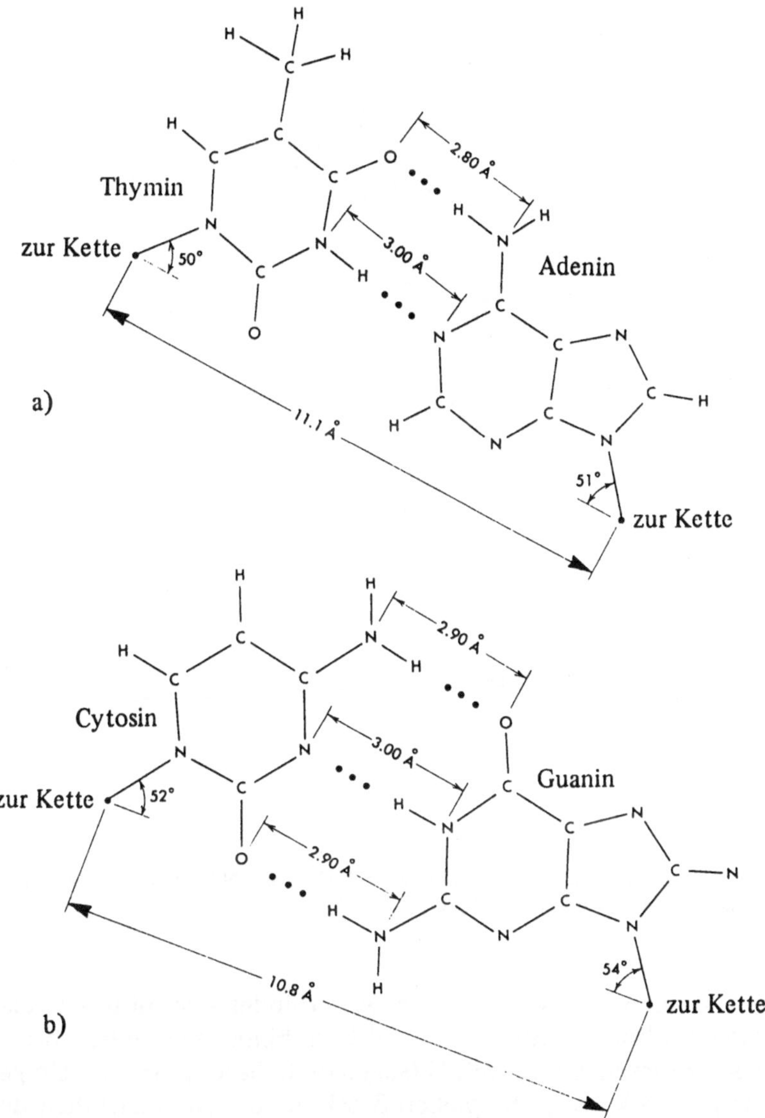

Bild 21 Paare von komplementären Basen der DNA. Adenin (A) und Thymin(T) sind durch zwei Wasserstoffbrücken miteinander verknüpft, N–H⋯N und O⋯H–N. Das Guanin (G) und das Cytosin (C) bilden ein stabileres Paar, da sie durch drei Wasserstoffbrücken miteinander verknüpft sind (siehe auch Bild 33). (Aus A. Lehninger,Bioenergetics, W. A. Benjamin Inc., Menlo Park 1971.)

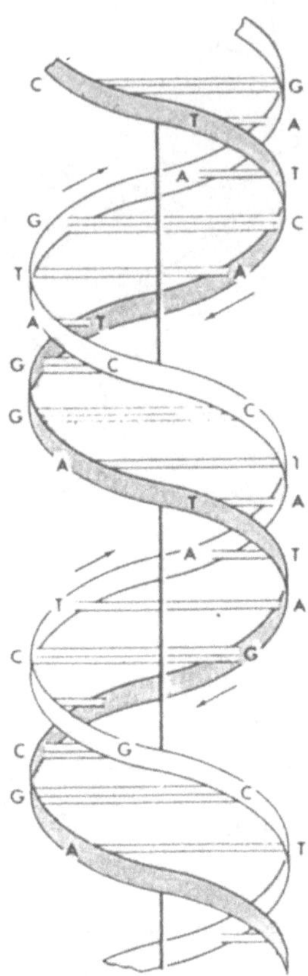

Bild 22 Schematische Darstellung der Doppelhelix der DNA mit der Basenpaarung zwischen A und T bzw. C und G (Quelle wie Bild 21).

brücken miteinander verbunden. A verbindet sich mittels zweier Wasserstoffbrücken nur mit T, und C verbindet sich mittels dreier Wasserstoffbrücken nur mit G (sogenannte Basenpaarung). Umgekehrt gibt es keine prinzipiellen Beschränkungen hinsichtlich der Abfolge der Basen längs der Spirale. Die verschiedenen lebenden Arten weisen jedoch jeweils verschiedenen Korrelationen innerhalb der entsprechenden Sequenzen auf. Während für das Alphabet der zwei Atomsymbole Cu und Zn ein binäres Verfahren genügt, um ein Symbol ($\log_2 2 = 1$ bit/Symbol) zu identifizieren, sind für das

Alphabet der vier Basen a priori vier Entscheidungen erforderlich ($\log_2 4 = 2$ bit/Symbol), und für das geläufige Alphabet unserer Sprache scheinen 4,7 (= $\log_2 26$ bit/Symbol) Entscheidungen für jedes Symbol notwendig.

In Wirklichkeit liegt die mittlere Anzahl der für Extra- oder Interpolation eines alphabetischen Symbols erforderlichen Binärentscheidungen im allgemeinen merklich unterhalb 4,7: *Die Sprache ist redundant*. Dies kann man sich klar machen, indem man z. B. mit einem Blatt Papier den Rand der vorliegenden Buchseite bedeckt, so daß die jeweils letzten Buchstaben der Zeilen nicht sichtbar sind: diese Operation schließt, für sich genommen, die Rekonstruierbarkeit des Textes keineswegs aus. Als weiteren Beweis für die Redundanz der Sprache kann man ein von Shannon vorgeschlagenes Spiel spielen: Man schreibt, ohne daß der Text eingesehen werden kann, eine Nachricht und fordert die Mitspieler, nachdem sie schon ein paar Buchstaben erraten haben, das nächstfolgende Symbol zu erraten. Zur Erleichterung ist es erlaubt, Fragen zu stellen, die eine binäre Antwort (Ja oder Nein) nach sich zieht, wie beispielsweise die Frage , ob das Symbol zu den ersten zehn Buchstaben des Alphabets gehört. Mit der schrittweisen Rekonstruktion der Nachricht notiert man die Zahl der für die Identifizierung jedes einzelnen Symbols der Nachricht notwendigen binären Entscheidungen. Es läßt sich dann zeigen, daß die mittlere Anzahl der binären Entscheidungen für die allerersten Symbole von der Größenordnung 4,7 ist. Dieser Wert wird jedoch, nachdem die ersten Symbole einmal entschlüsselt sind, niedriger und bleibt schließlich mit der Verdeutlichung des Zusammenhanges bei 2 bit/Symbol stehen. Daraus leiten wir ab, daß ungefähr 2,7 von den 4,7 bit, die wir anfänglich jedem Symbol zugeordnet haben, redundant sind.

Diese Redundanz geht teilweise auf die semantischen Korrelationen zwischen den verschiedenen Teilen eines Textes zurück, in dem die Konzepte mit minimaler Kohärenz ausgedrückt werden, und teilweise auf das System der Regeln, die – der Sprache auf struktureller Ebene eingegliedert – innerhalb derselben einen Ordnungsparameter bilden, der die Menschen „versklavt", wie Haken sagen würde: „Eine Sprache ändert sich nur geringfügig im Verlauf des Lebens eines Individuums. Nach der Geburt erlernt dieses eine Sprache, d. h. es wird deren ‚Sklave', und während seiner Lebenszeit trägt es dazu bei, eben jene Sprache am Leben zu erhalten."

Abgesehen von den kulturellen Informationen, die mit der Bedeutung des Textes verknüpft sind und so zu seiner Redundanz beitragen, für deren quantitative Bewertung wir hier nicht vorbereitet sind, beschränken wir uns im folgenden auf die Klassifizierung der Haupttypen von Redundanz, wie sie in der Struktur der Sprache enthalten sind. Dafür sollten wir die Definitionen der Informations-Entropie bzw. des Informationsgehalts einer Nachricht und jene der Redundanz mit der Definition der Entropie in Beziehung setzen.

Wie schon zu Beginn dieses Kapitels gesagt, haben wir physikalische Entropie (Zahl der binären Entscheidungen, die dem makroskopischen Zustand einer Struktur zugrundeliegen) und der Informations-Entropie (Zahl der binären Entscheidungen, die z. B. einer Buchstabenfolge des Alphabets zugrundeliegen) den gleichen formalen Ausdruck. Wir haben gesehen, daß jedem Atom der Legierungsstruktur CuZn eine Entropie von $k_B \ln 2$ bzw. (in der Einheit $k_B \ln 2$) $\log_2 2 = 1$ binäre Entscheidung entspricht. Analog dazu gibt es für jedes Symbol eines Alphabets mit zwei gleichwahrscheinlichen Buchstaben $\log_2 26 = 4{,}7$ binäre Entscheidungen.

Würde man eine Buchseite mit akribischer Sorgfalt überprüfen, könnte man feststellen, daß unter den etwa 3000 alphabetischen Symbolen, aus denen sie sich zusammensetzt, das „e" ca. 160mal vorkommt, während das „q" nur vielleicht 10mal zu finden ist. Außerdem kann man sicher sein, daß auf das Symbol „q" nur das Symbol „u" folgen kann.

Diese Beispiele bestätigen, daß jedes Mal, wenn die Symbole nicht gleich wahrscheinlich (bezüglich ihres Vorkommens im Text) oder nicht unabhängig voneinander sind, die theoretisch festgelegte Zahl der binären Entscheidungen zu ihrer Identifizierung niedriger wird: die Informations-Entropie einer Nachricht ist niedriger als die eines von einem Affen getippten stochastischen Manuskripts; bei letzterem ist die Informations-Entropie gleich $\log_2 26$ bit/Symbol.

Die Symbole der natürlichen Sprache sind also teilweise redundant. Die *Redundanz* ist nämlich definiert als *prozentuale Verringerung der Zahl der Entscheidungsschritte gegenüber der größtmöglichen Zahl von Entscheidungsschritten bei zusammenhangslosen und gleichwahrscheinlichen Symbolen.*

So ergibt zum Beispiel das kurz vorher erwähnte Spiel für die Redundanz der natürlichen Sprache $(4{,}7 - 2)/4{,}7 = 58\,\%$ an: Ein Text, von dem 58 % der Symbole nach dem Zufallsprinzip gelöscht wurden, befindet sich immer noch im Bereich des Entzifferbaren. Entsprechend ist die Informations-Entropie einer ungeordneten Legierung, in der die Elemente in ungleichen Konzentrationen auftreten, niedriger als die Entropie einer ungeordneten CuZn-Legierung, die $\log_2 2$ bit/Atom beträgt.

Shannon (1948) und in den letzten Jahren Gatlin (1972) haben die Natur der Redundanz in der natürlichen Sprache bzw. in der Sprache der Genetik untersucht. Sie haben dabei zwei qualitativ unterschiedliche Aspekte, die bei der Redundanzbildung wirksam sind, herausgearbeitet und identifiziert:

a) die Tatsache, daß die alphabetischen Symbole wie auch die Basen in der DNA nicht mit gleicher Wahrscheinlichkeit auftreten;

b) die Tatsache, daß es bevorzugte Kombinationen von Symbolen bzw. Basen in Zweier-, Dreiergruppen usw. gibt.

Zur Analyse der unter a) genannten Gruppe betrachten wir noch einmal kurz eine binäre Legierung, in der die Elemente 1 und 2 jeweils in mittleren Konzentrationen p_1 und p_2 auffindbar sein sollen.

Verringert man z. B. den Anteil von 2 so weit, daß kein 2 mehr vorhanden ist ($p_2 = 0$ und $p_1 = 1$), so gibt es keine Entscheidungsfreiheit mehr, die Entscheidungsschritte sind festgelegt; entsprechend verringert sich die Entropie bezüglich der Anordnung (Konfigurations-Entropie) der Legierung auf Null, wenn eines der Elemente der Legierung nicht mehr anwesend ist. In diesem Fall bedarf es keines bit mehr, um zu entscheiden, welches Atom jeweils welche Gitterposition einnimmt (Bild 23).

Was die Gruppe b) betrifft, so wurde schon daran erinnert, daß es zum Beispiel keines bit bedarf, um zu entscheiden, welches Symbol im Deutschen auf den Buchstaben q folgt. Im allgemeinen kommen die alphabetischen Symbole in den möglichen Zweier- oder Dreier-Kombinationen unterschiedlich häufig vor. Den Sprachwissenschaftlern stehen Listen zur Verfügung, in denen die durchschnittliche Vorkommenswahrscheinlichkeit eines einzelnen Symbols und diejenige der in den verschiedenen Gruppenkombinationen aufeinander bezogener Symbole aufgelistet sind.

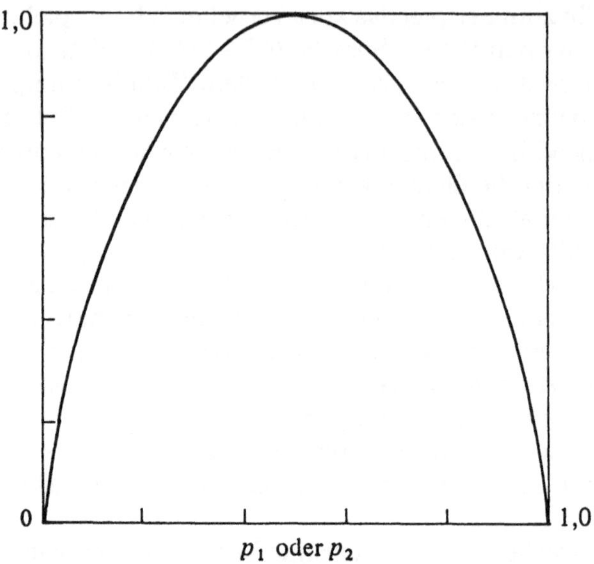

Bild 23 Abhängigkeit der Informations-Entropie pro Symbol in einem Zwei-Buchstaben-Alphabet von der apriorischen Wahrscheinlichkeit des Auftretens des Symbols. Die Informations-Entropie ist maximal (und gleich 1 bit), wenn die Symbole 1 und 2 a priori mit der gleichen Wahrscheinlichkeit auftreten: $p_1 = p_2 = 1/2$. Im Grenzfall mit p_1 (bzw. $p_2 = 1 - p_1$) gleich Null und der daraus folgenden Sicherheit, daß das Symbol 2 (oder 1) auftritt, ist die Informations-Entropie gleich Null. Entsprechendes gilt ebenso für die physikalische Entropie – man denke z. B. an eine binäre Legierung –, wobei jedoch die Entropie in der Einheit $k_B \ln 2$ zu messen ist.

Am Beispiel einer strukturellen Sprachananlyse illustriert Gatlin den Beitrag, den die unter a) und b) genannten Aspekte zur Bildung der Redundanz R leisten, wobei er sich auf eine Analyse des mehrfachen Auftretens und der Kombination von Buchstabensymbolen in Lehrbüchern für Volksschulen bezieht. Mit zunehmendem Alter der Schüler, für die diese Lehrbücher bestimmt sind, wird die verwendete Sprache immer weniger voraussehbar, besonders auf der Ebene der Korrelationen zwischen den kombinatorisch aufeinander bezogenen Buchstabengruppen. Die Redundanz R nimmt mit der Klassenstufe ab (Bild 24): Ausgehend von einem Anfangswert (1. Klasse) von ca. 0,41, der 1,9 bit/Symbol entspricht, sinkt die Redundanz R auf ca. 0,3, entsprechend 1,4 bit/Symbol ($0,3 \cdot 4,7 = 1,4$),

116

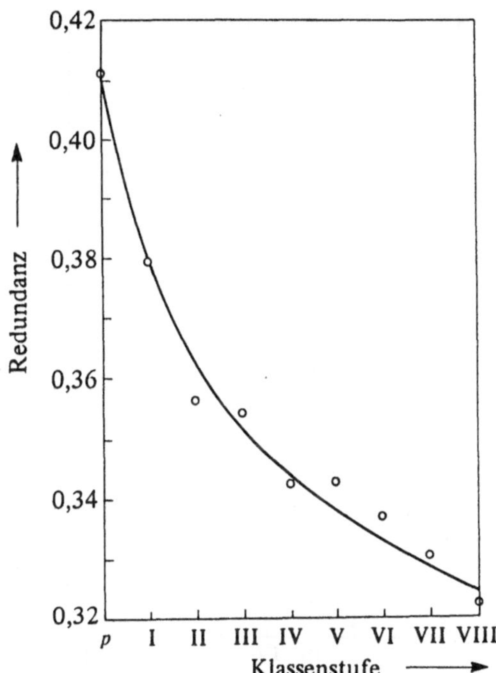

Bild 24 Die Redundanz R in den Lehrbüchern für die Grund- und Hauptschule (Klassen 1 bis 8), verringert sich mit dem zunehmenden Alter der Schüler, für die die Lehrbücher bestimmt sind (aus L. Gatlin, Information Theory and the Living System, Columbia University Press, New York 1972).

für die 8. Klasse ab. Das heißt, abgesehen von Korrelationswerten über 2, wären für die Voraussage eines Symbols in einem Text für ältere Schüler ca. 3,3 bit (4,7 – 1,4 = 3,3) erforderlich, während in einer Fibel für Schulanfänger im Durchschnitt ca. 2,8 bit (4,7 – 1,9 = 2,8) genügen würden.

Diese Abnahme der Redundanz R geht nicht auf eine Veränderung der Vorkommenshäufigkeit der Buchstaben im Text zurück, sondern auf eine immer mehr reduzierte Korrelation zwischen den Symbolen, die in Gruppen aufeinander bezogen sind. In Bild 25 ist die Abnahme von R in zwei Wirkungskomponenten D_1 und D_2 zerlegt, in zwei Größen, die (in Einheit von $\log_2 26 = 4{,}7$) die Teilredundanzen liefern, die jeweils von der ungleichen Wahrscheinlichkeit

117

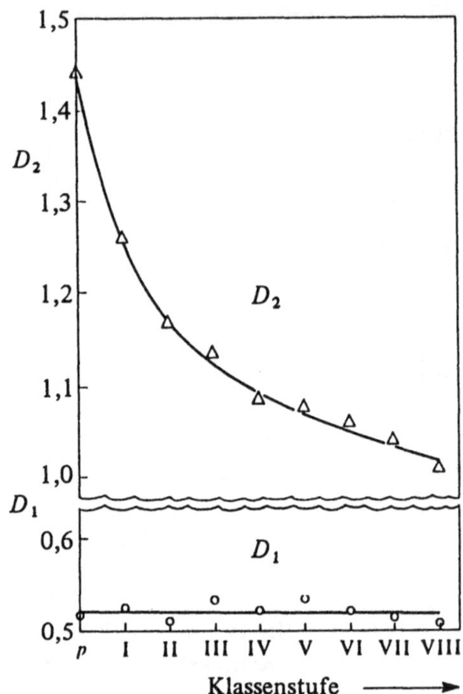

Bild 25 Die Abnahme der Redundanz in Bild 24 wird eher der – mit dem zunehmenden Alter der Schüler abnehmenden – Korrelation zwischen den Symbolen (in den Schulbüchern der jeweiligen Klassenstufe) als der ungleichen Wahrscheinlichkeit für das Auftreten der Symbole zugeschrieben. Tatsächlich bleibt nämlich die aus der ungleichen Wahrscheinlichkeit der Symbole hervorgehende Redunanz D_1 konstant, während die auf die Korrelation zwischen den Symbolen zurückgehende Redundanz D_2 sich verringert (Quelle wie Bild 24).

der alphabetischen Symbole (D_1) bzw. von deren Korrelation in Buchstabengruppen (D_2) verursacht sind. Aus der Graphik läßt sich ableiten, daß die Redundanz D_2/4,7 in den Texten für ältere Schüler abnimmt, um bei einem Wert knapp unter 1 bit/Symbol stehenzubleiben, während die Redundanz, die auf die verschiedenen Vorkommenshäufigkeiten der einzelnen Symbolen zurückgeht, also D_1/4,7, in allen Texten konstant bleibt. Bei der Interpretation dieses Ergebnisses stellt die Autorin fest, daß – in der kritischen Anfangsphase des Spracherwerbs – die Zulassung einer gehobenen Redun-

118

danz vom Typ D_2 eine Reduktion der Fehlermöglichkeiten auf ein Minimum erlaubt: Nur nach einer „Immunisierung" gegen die Fehler kann man dazu übergehen, die Redundanzen vorsichtig und schrittweise zu reduzieren.

Es ist hier nicht möglich, diese Überlegungen weiterzuführen und auch Aspekte der Redundanz mit höheren Korrelationswerten zwischen den Symbolen in Dreiergruppen und in Vierergruppen oder zwischen vollständigen Wörtern zu berücksichtigen. Analysen dieser Art werden normalerweise in spezialisierten Forschungszentren durchgeführt, und immer unter Zuhilfenahme der EDV. Die Analysen finden nicht nur auf literarischem Gebiet Anwendung, sondern auch bei der Absicherung der Authentizität eines Textes oder bei der Identifizierung eines anonymen Textes.

Gatlins Idee folgend gehen wir nun daran, interessante Analogien in jenen Ordnungszuständen zu erläutern, die in der Buchstabensequenz einer Nachricht oder in den Basen der DNA vorliegen.

Vergleichbar dem Verhalten der Buchstaben des Alphabets treten die vier Basen der DNA oder der RNA[4] nicht mit gleicher Häufigkeit auf: Sie sind also nicht gleichwahrscheinlich, und jede von ihnen tritt mit den für die jeweilige Spezies charakteristischen Häufigkeiten auf. So liegt die Häufigkeit der Basen C und G bei den Wirbeltieren zwischen 40 und 44 %: die Tatsache, daß $p_{C+G} = 42 \pm 2\,\%$ jeweils von 50 % abweicht, führt zu einer Redundanz des Typs D_1 und also zu einer Reduktion der potentiellen Verschiedenheit der Nachricht. Vergleicht man die Redundanzen D_1 von Wirbeltieren mit denen anderer Tierarten, so stellt man fest, daß der Höchstwert von D_1 für die Wirbeltiere, D_{1max}(Wirbeltiere), unter dem Höchstwert von D_1 für die Wirbellosen, D_{1max}(Wirbellose), liegt:

$$D_{1max}(\text{Wirbeltiere}) < D_{1max}(\text{Wirbellose}).$$

---

4   Das RNA-Molekül (RNA = Ribonucleinsäure) ähnelt dem DNA-Molekül, unterscheidet sich von diesem jedoch in dreierlei Hinsicht: Es enthält anstelle der Base Thymin das Uracil U, die Ribose als Zuckerbaustein und ist (meistens) einsträngig, kann sich jedoch in sich selbst zurückfalten und Doppelhelix-Regionen bilden (vgl. Bild 26): Hierbei paart Adenin mit Uracil (und Guanin mit Cytosin). „Codons" aus drei Basen – lokalisiert im RNA-Molekül – bilden den genetischen Code zum Erkennen jeweils einer der zwanzig Aminosäuren bei der Biosynthese der Proteine. Der Code ist von Doppeldeutigkeiten nicht ganz frei (Gatlin, 1972).

Mit anderen Worten: unter allen Tieren ist die auf der unterschiedlichen Vorkommenshäufigkeit der Basen beruhende maximale Abnahme der potentiellen Vielfalt der genetischen Nachricht bei den Wirbeltieren am kleinsten. Oder: Wirbeltiere erreichen das Minimum der Maximalwerte von D_1, min (D_{1max}). Im Spiel von Mutation und Selektion, das der Evolution ihren Rhythmus gibt, haben die Wirbeltiere den Nachteil einer maximalen Reduktion der Verschiedenheit (einer maximalen Redundanz) der Nachricht minimiert.

Im Hinblick darauf, was bezüglich der funktionellen Wichtigkeit der Redundanz vom Typ D_2 (aufgrund der Korrelationen) bei den Schulbüchern gesagt wurde, scheint es nur natürlich, die Werte von D_2, die zu jeder in die DNA der verschiedenen Arten eingeprägten Nachricht gehören, einander gegenüberzustellen. Die Analyse von D_2 ist möglich dank einer von Nobelpreisträger A. Kornberg entwickelten experimentellen Methode, die auf der Verwendung des Phosphor-32 als radioaktives Tracerelement basiert. Mit der analogen Notierung, die schon vorhin für die Gegenüberstellung der D_1-Werte der Wirbeltiere und Wirbellosen verwendet wurde, hat sich herausgestellt, daß

$$D_{2min}(\text{Wirbeltiere}) > D_{2min}(\text{Wirbellose}):$$

Im Verlauf der Evolution haben die Wirbeltiere also im Vergleich mit den anderen Arten das Minimum von D_2 auf den Höchstwert gebracht und so max (D_{2min}) erreicht, d. h. sie haben den Vorteil einer minimalen Fähigkeit bei der Bekämpfung von Transkriptionsfehlern maximalisiert, ein Vorteil insofern, als er von einer maximalen Verschiedenheit der kombinatorischen Gruppen begleitet ist.

Jüngste Erfahrungen mit Korrelationen von Werten höher als 2, die zur Identifizierung der Basensequenzen der DNA des Tabakmosaikvirus (vgl. Butler und Klug, 1979) durchgeführt wurden, haben eine ausgeprägte Regelmäßigkeit und stellenweise eine Translationssymmetrie der Basen selbst nachgewiesen, besonders für die Sequenz (Bild 26)

... A/GAA/GAA/GUU/GUU/G ...

in den Windungen des Bereichs, wo sich die Virus-RNA festsetzt. Diese Sequenz erinnert an die Notenfolge einer typischen Walzerbegleitung.

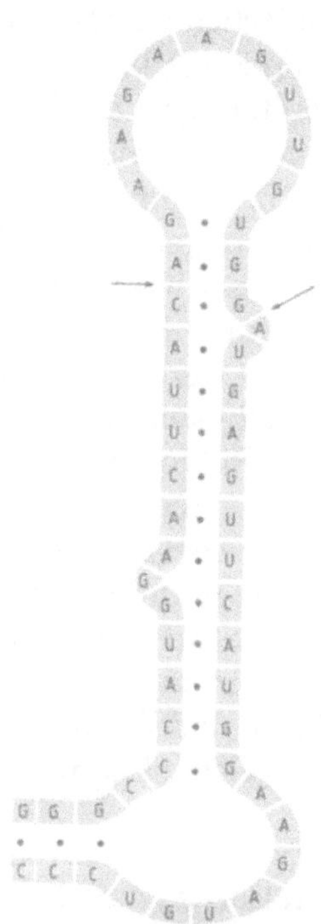

Bild 26 Basensequenz der RNA des Tabakmosaikvirus nach Butler und Klug (1979). Die Symbole entsprechen den Anfangsbuchstaben der Basen Adenin, Guanin, Cytosin und Uracil.

Es gibt ca. 268 Millionen möglicher Sequenzen aus vierzehn Symbolen eines „Alphabets" von vier Buchstaben ($4^{14} \approx 2,7 \cdot 10^8$), und daher ist es gut möglich, daß die strukturelle Übereinstimmung zwischen einer dieser Sequenzen und einem Fragment der großen verfügbaren musikalischen Produktion nicht nur eine rein zufällige ist.

Mit der Erweiterung der Kenntnisse über die Sequenzen der Basen der DNA oder der RNA zeichnet sich nunmehr die Möglichkeit ab, Verschiedenheit (Mannigfaltigkeit) und Redundanz, Symmetrie und Information in der Sprache der Genetik zu bewerten. Andererseits ist es gegenwärtig bereits möglich (Fröhlich, 1977), in einer Art von Bio-Wörterbuch die Wörter zu katalogisieren, die gemäß den Regeln des genetischen Codes von den Codons (also den Basen-Tripletts) ausgehend konstruiert werden können. Es existieren demnach die Voraussetzungen zur Entdeckung der grammatischen und logischen Regeln, die aufeinanderbezogenen „Wortfolgen" eine biologische Bedeutung zuordnen.

Man kann sich hier vielleicht fragen, ob die Analogien zwischen der „Sprache" der Genetik und der natürlichen Sprache, unabhängig voneinander von Gatlin und Fröhlich konzipiert, auf die „Sprache" der Musik ausgedehnt werden könnten: ob also Ähnlichkeiten – im Sinne von Mannigfaltigkeit und Redundanz, Symmetrie und Information – zwischen den Notenfolgen der Melodien, die sich kontrapunktisch in den Partituren der musikalischen Architektur verweben, und den Basensequenzen der DNA bestehen. Die von den Musikern benützte Sprache, in der sich die stochastische und die deterministische Komponente auf natürliche Weise ausgleichen [in einem Ausmaß, wie es von einem EDV-System sicherlich nicht imitiert werden kann (Gagliardo und Fornasari, 1978)], könnte sich tatsächlich als der Sprache der Genetik strukturell ähnlich herausstellen.

Auf höherer Ebene könnten sich die dem Menschen kongeniale Sprache der Musik und die Tatsache , daß diese Sprache im Unterschied zu anderen nicht übersetzt zu werden braucht, um „verstanden" zu werden, letztlich aus einer tiefgehenden Ähnlichkeit zwischen musikalischer Harmonie und biologischer Grammatik und Logik herleiten.

Kapitel 5
Dynamische Instabilität der Doppeldeutigkeit

The order parameters are ultimately the thoughts.

Hermann Haken, 1978

Will man am Ende eines Konzerts eine Zugabe hören, wird man im allgemeinen wie folgt vorgehen: Man nutzt den Augenblick, in dem sich der Solist oder der Dirigent hinausbegibt und die Zahl derer, die Beifall klatschen, abnimmt, um – möglicherweise auch unter Mithilfe eines nichts ahnenden Nachbarn am Nebensitz – einen rhythmischen Applaus zu entfachen, der – wenn auch anfangs nur schwach – aus dem konturlosen Hintergrundlärm emporsteigt. Diejenigen, die sich freiwillig dieser lauten Petition anschließen wollen, gewissermaßen im Bewußtsein, daß es sich um einen Zustand der *Notwendigkeit* handelt, werden in Übereinstimmung mit dem vorgegebenen Rhythmus reagieren. Sich diesem mit rhythmischem Klatschen anschließend, werden sie einen stürmischen geordneten Applaus erzeugen, der abbricht, wenn der Musiker bei seiner Rückkehr in den Konzertsaal nicht anders kann, als sein Publikum zufriedenzustellen: ein Publikum, das sich zu diesem Zeitpunkt in ein überdimensionales Metronom transformiert hat, eindringlich und einzigartig geordnet dank der Verstärkung der initiierten Zusammenarbeit.

Gehen wir dem eben beschriebenen Phänomen für einen Augenblick noch weiter nach. In dem durch die Begeisterung erregten wie auch im Zaum gehaltenen Publikum entlädt zunächst jeder für sich[5]

---

5 Diese Beobachtungen gelten für ein Publikum, das aus einer statistisch signifikaten Anzahl von Individuen besteht, welche instinktiv zu einer einheitlichen Reak

seine Emotionen, indem er instinktiv und spontan applaudiert, ohne sich also Gedanken über den Rhythmus bzw. den Takt des Applaudierens zu machen – ein Verhalten, das (physikalisch ausgedrückt) einer Energiedissipation entspricht. Mit der Zeit, nach Überschreitung einer kritischen Schwelle der Begeisterung, eröffnet sich in Konkurrenz mit dem ersten ein anderer Weg, der den Emotionen ein Ventil bietet: Die einzelnen Applaudierenden – vielleicht im Bewußtsein, daß sie alle auf ein gemeinsames Ziel, die Zugabe nämlich, orientiert sind – machen sich ein neues Gemeinschaftsbewußtsein zu eigen, und in uneingeschränkter gegenseitiger Nachahmung und Stimulierung treffen sie freiwillig eine nunmehr bereits obligatorisch gewordene Entscheidung, indem sie gemeinsam und kohärent auf das von ihnen selbst hervorgebrachte „Lärmfeld" reagieren. Eine Schwankung (eine Fluktuation) in diesem Feld – hervorgerufen durch eine kleine Gruppe von Personen, die sowohl die Klatschfrequenz als auch den Takt festlegen – erweitert und stabilisiert sich statt zurückzugehen, und auf riesige Ausmaße angewachsen, setzt sie sich als neue, organisierte Struktur an die Stelle des üblichen stochastischen und ungeordneten Applauses, unverkennbar in ihrer klanglichen Homogenität. Ein wenig wie im Entstehungsprozeß der Schlieren in der Rayleigh-Benard-Zelle, die von der Auftriebstendenz in konvektiver Bewegung gehalten werden, verwandelt sich das Publikum nach der Überwindung des magischen Moments der dynamischen Instabilität, indem es sich mittels des gemeinschaftlich entfachten Reizes des Klangfeldes selbst aufpeitscht, und organisiert sich selbsttätig in einer (in der Zeit) periodisch geordneten Struktur mit voraussehbarer strenger Wiederholbarkeit.

Zufall und *Notwendigkeit*, zusammenhangloser Lärm, Unordnung, Schwankungen, Reiz, Kontrolle, dynamische Instabilität, Initialzündung, Erweiterung, Kooperation, strukturelle Transformation, Kohärenz, Ordnung, Selbstorganisation, Periodizität: die Wörter, mit denen man auf ganz natürliche Weise die Selbstorganisation beim Applaus in Konzertsälen und Sportstadien beschreibt, sind genau

---

Fortsetzung von Fußnote 5:

    tion veranlaßt werden. In einem Auditorium aus nur wenigen Freunden wird nicht einmal ein Applaus entstehen, man wird sich mit einem herzlichen Händedruck begnügen.

jene Schlüsselwörter, die mit großer Häufigkeit in der – um es mit H. Haken (1973, 1974, 1977, 1978, 1979, 1981, 1982, 1983) sowie A. Pacault und C. Vidal (1979) auszudrücken – *Synergetik* Verwendung finden. Die Kooperation (d. h. das Zusammenwirken von Elementen eines Systems, die in nichtlinearer Weise miteinander in Wechselwirkung stehen) ist wesentlich für die Herstellung von räumlicher, zeitlicher und funktionaler Ordnung in den sich selbst organisierenden makroskopischen Strukturen.

Fast überflüssig, noch einmal darauf hinzuweisen, daß beim synergetisch orientierten Studium der dynamischen Instabilitäten, der Phasenübergänge und der spontanen Entstehung geordneter Strukturen aus dem Chaos in der Physik, in der Chemie, in der Biologie und der Soziologie auch die Methoden der Thermodynamik der nicht im Gleichgewichtszustand befindlichen Systeme Anwendung finden, die von I. Prigogine und seiner Schule entwickelt worden sind (P. Glansdorff und I. Prigogine, 1971; G. Nicolis und I. Prigogine, 1977).

Jedes der oben aufgeführten Wörter weckt komplexe und schwierige Vorstellungen. Die wesentlich nichtlineare Eigenschaft der Wechselwirkungen zwischen Parametern (unabhängig vom jeweils betrachteten System) wird zu einer Verbreitung der Methoden der Synergetik auch außerhalb der wissenschaftlichen und technologischen Bereiche führen, vielleicht sogar bis in den Bereich der Emotionen.

Und was ist denn die Emotion, das Gefühl, anderes, wenn nicht eine dynamische Instabilität, der eine plötzliche und einschneidende Neuorientierung der Gedanken folgt? Es scheint, anders gesagt, ein nicht allzu gewagter Schritt, das Gefühl und die Gefühlserregung als eine dynamische Instabilität zu interpretieren, hervorgerufen durch spezifische Sinnesreize, die sich jenseits der von der jeweiligen Sensibilität und Selbstkontrolle abhängigen kritischen Schwelle als innere, zusammenhängende Systeme organisieren. Als ausgeformter Gedanke lenken die organisierten Reize das Verhalten in eine bestimmte Richtung und regeln die Handlungen des Individuums gemäß veränderter, neuer Motivationen.

Unter diesem Gesichtpunkt scheinen sich zwei Wege anzubieten, die manchem vielleicht als Entweihung von schönen Geheimnissen erscheinen mögen. Der erste Weg erlaubt es, dem leblosen und von

Rationalität und Methode dominierten Bereich eine irrationale und gefühlsmäßige Komponente zuzugestehen. Intensiv dynamische Instabilitäten zu erleben (wie z. B. bei der Entstehung eines rhythmischen Applauses oder beim Wahrnehmen der weniger wahrscheinlichen Konfiguration einer asymmetrischen doppeldeutigen Figur (Tafel I)), kann – im Sinne einer Zusatzerkenntnis – ein tiefes Verständnis und gelegentlich auch eine menschliche Vorstellung von den Kooperationsmechanismen begünstigen, die in den unbelebten dissipativen chemisch-physikalischen Strukturen zu Bifurkationen führen, hinter denen sich diese Strukturen einer neuen zeitlich-räumlichen oder funktionellen Ordnung folgend selbstorganisieren.

Umgekehrt ermöglicht es der zweite Weg, eine rationale Komponente im Bereich des Lebens und der Gefühle einzuführen. Die sterile physikalisch-mathematische Analyse der dynamischen Instabilität unbelebter Strukturen unter synergetischen Gesichtspunken kann, mit anderen Worten, erweitert und nutzbar gemacht werden für ein „vollständigeres" Verständnis der Probleme des Lebens.

Auf den ersten Blick ist man geneigt, dem entheiligenden mechanistischen Denken einer kalten und reduktionistischen Interpretation menschlichen Verhaltens, das gerade oft deshalb wunderbar und faszinierend ist, weil es geheimnisvoll ist, zu mißtrauen. Ich selbst frage mich, ob die Begeisterung, die ich beim Erlebnis eines rhythmischen Applauses noch heute nachvollziehen kann, gedämpft oder blockiert wäre, wenn ich mich, nachdem ich ein derartiges Erlebnis in Form mathematischer Gleichungen niedergeschrieben, in die Lage versetzt hätte, den „zündenden Augenblick" vorauszusehen. Genauso frage ich mich, ob es nicht gefährlich ist, den zweiten Weg einzuschlagen, der, indem wir uns der Natur unseres menschlichen Empfindungsvermögens bewußter werden, uns in einen Zustand psychologischer Überreizung, die nach einem Ventil sucht, führen könnte.

Alles in allem handelt es sich um Fragen, die weniger dramatisch sind, als es den Anschein haben mag. In Wahrheit kann der zweite Weg zu einer teilweisen Rationalisierung führen, die sich in unserem immer schwierigeren und komplexeren Verhältnis zu den natürlichen Strukturen niemals als definitiv erweisen wird.

Im folgenden Abschnitt beschränken wir uns pragmatisch auf die Ausarbeitung eines phänomenologischen Modells zur Wahrnehmung der Dynamik der Doppeldeutigkeit von Resonanzstrukturen.

5.1 Dynamik der Wahrnehmung doppeldeutiger Strukturen

Dieser Abschnitt geht von der Hypothese aus, daß die dynamische Wahrnehmung doppeldeutiger Resonanzmodulstrukturen wie zum Beispiel der graphischen Verschmelzung zweier Würfel (Tafel IV) Analogien aufweist sowohl mit den Phänomenen, die für die Selbstorganisation von jenseits der Schwelle dynamischer Instabilität liegenden dissipativen Strukturen verantwortlich sind, als auch mit dem spektroskopischen Beobachtungsprozeß von Quantenstrukturen. Grundzüge dieser Hypothese finden sich in der Schrift von Haken (1979) über Strukturbildung bei dynamischen Systemen und Strukturerkennung und in einer kürzlich erschienenen Monographie von Caglioti (1983) über Symmetrie und Doppeldeutigkeit in der Physik und in der bildenden Kunst.

Beim gegenwärtigen Stand der Kenntnisse scheint es bestenfalls möglich, einige qualitative Überlegungen zur Frage der Wahrnehmung von doppeldeutigen Strukturen anzustellen. Die Lösung dieses Problems wäre ein wichtiger Beitrag zum Erkennen der physikalisch-mathematischen Grundlagen der Logik von Form und Sprache der Graphik: ein Forschungsbereich, den zu entwickeln von verschiedenen Seiten her als notwendig erachtet wird (D'Amore, 1979). Leonardo da Vinci war vielleicht der Pionier jener Wissenschaft, die er selbst „Wissenschaft von der Malerei" nannte. Ausgehend von seinen diesbezüglichen Notizen „ließe sich eine Theorie der Werte der Malerei aufstellen, die alles andere als lediglich eine Skizze wäre" (Segre, 1979). Hätte Leonardo in unserer Epoche gelebt und die modernen Erkenntnisse der Quantenphysik und der Synergetik in seine „Abhandlung über die Malerei" einarbeiten können, wäre er sicherlich binnen kurzem zu faszinierenden Ergebnissen gekommen – und hätte vielleicht trotz allem sein Herz bei der Mona Lisa gelassen und diese in seinem Herzen behalten.

Kehren wir nun zur Tafel IV zurück. Bevor wir aber zu einer Analyse des Prozesses übergehen, der zur dynamischen Wahrnehmung der in Tafel IV dargestellten binären Strukturen führt, sollte man noch einmal die Exkurse durchlesen und die Aufmerksamkeit auf vier Begriffe richten, die wir im Verlauf der Diskussion des Problems benützen werden:

(1) Die *Sinnesreize* sind die Elemente, die sich während des Wahrnehmungsprozesses selbstorganisieren;

(2) der *Kontrollparameter* σ (das Analogon zur Temperaturabnahme beim para-ferromagnetischen Übergang). Es handelt sich hierbei um eine Kontrolle, die der Beobachter auf jene Sinnesreize ausübt, die durch die verinnerlichte Gestalt ausgelöst und im Gehirn gespeichert werden, um schließlich mittels ihrer synthetisierenden Zusammenfassung in kohärenten Schemata im Gedächtnis jeweils miteinander in Beziehung gesetzt zu werden;

(3) das *Aufmerksamkeitspotential V* (das Analogon zur freien Energie in einem Phasenübergang zweiter Ordnung: eine Funktion, die vom Ordnungsparameter und vom Kontrollparameter abhängt). Es handelt sich um eine dynamische Größe, charakteristisch für die verinnerlichte Gestalt und festgelegt sowohl durch die (vom Zeichner selbst eingegebenen) morphologischen Wechselwirkungen zwischen graphischen Zeichen und Struktureinheiten als auch durch den Wert, den der Kontrollparameter nach und nach im Verlauf des Wahrnehmungsvorgangs erreicht. In Bild 27 sehen wir die typische Verlaufskurve des Aufmerksamkeitspotentials für a) relativ niedrige und b) relativ hohe Werte des Kontrollparameters;

(4) der *Ordnungsparameter E* (das Analogon zur Magnetisierung beim ferro-paramagnetischen Übergang). Wir haben es mit dem bildhaften Denken zu tun: Anfänglich verschwindend klein, be-

Bild 27 Das Aufmerksamkeitspotential $V(E)$ bei der Beobachtung einer doppeldeutigen Figur ist vom Kontrollparameter σ abhängig. Folgende zwei Fälle können auftreten: a) die Kontrolle σ, die der Beobachter auf die Sinnesreize ausübt, ist geringfügig ($\sigma < \sigma_t$). Die Sinneseindrücke haben dann die Tendenz, sich dem Gedächtnis zu entziehen, das Aufmerksamkeitspotential bietet keine Anziehungspunkte an, und der Geist findet keine Möglichkeit, das bildhafte Denken zu entwickeln, dessen Amplitude E praktisch auf dem Wert Null bleibt. b) die Kontrolle σ erreicht und überschreitet einen kritischen Schwellenwert σ_t, es gilt also: $\sigma \geq \sigma_t$. Die Sinneseindrücke organisieren sich in kohärenten Mustern g und u, das Aufmerksamkeitspotential bietet ein immer

128

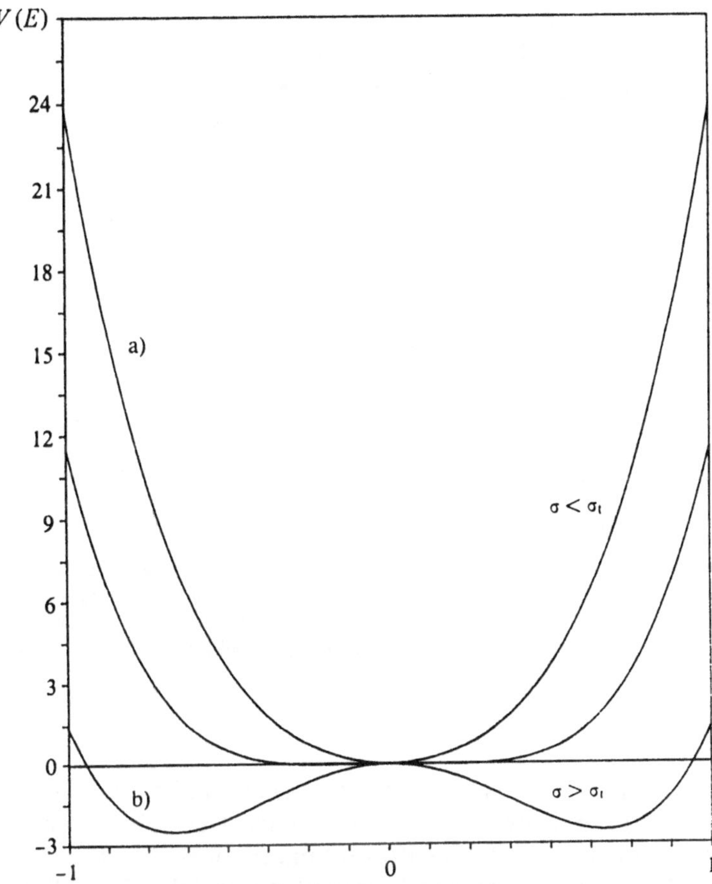

flacheres und breiteres Minimum an, das sich dann in zwei Minima – die sogenannten Attraktoren – verdoppelt, eines links, eines rechts (vgl. auch Bild 13c), während
das bildhafte Denken immer größere Schwankungen durchmacht, um schließlich zufällig in einen der beiden Attraktoren des Aufmerksamkeitspotentials links oder
rechts „hineinzustürzen". In Entsprechung dazu vermischt das bildhafte Denken u
und g, indem es die Symmetrie bricht und sich im Schema

$$\psi_+ (t = 0) = (\psi_g + \psi_u)/\sqrt{2},$$
$$\psi_- (t = 0) = (\psi_g - \psi_u)/\sqrt{2}$$

formiert. Ist das bildhafte Denken einmal in einen der beiden Attraktoren hineinge-
stürzt, koppelt es die den beiden Würfelelementen gemeinsame Wand an, geradeso
wie ein elektromagnetisches Feld „passender" Frequenz an den Stickstoff des Ammoniakmoleküls oder eines der beiden Elektronen des Wasserstoffmoleküls ankop-
peln würde.

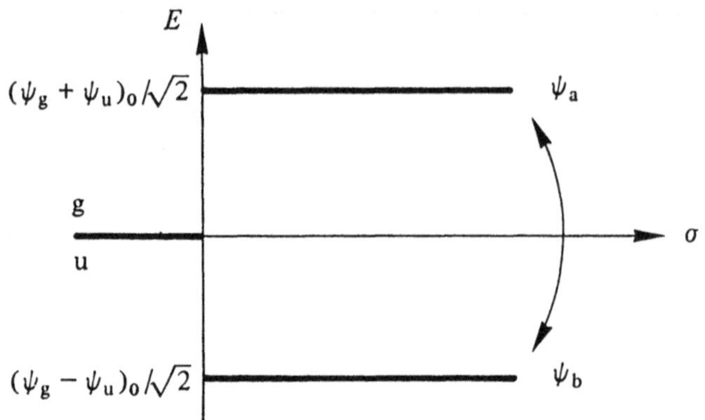

Bild 28 Während die Werte des Kontrollparameters σ variieren, strukturiert sich die an sich zentralsymmetrische Figur, die durch den Zustand gerade g oder ungerade u charakterisiert ist, vor den Augen des Beobachters in einem Anfangszustand

$$(\psi_g + \psi_u)_0/\sqrt{2} \text{ oder } (\psi_g - \psi_u)_0/\sqrt{2};$$

dementsprechend bewegt sich die den beiden Würfelelementen gemeinsame Wand nach links bzw. nach rechts. Ist so einer der beiden bistabilen Brennpunkte in einem Zustand vom Typ ψ_a oder ψ_b erreicht, verschiebt das bildhafte Denken die Wand zum anderen Brennpunkt und dann wieder zum ersten (perspektivische Inversionen).

ginnt der Ordnungsparameter zwischen „links" und „rechts" hin- und herzuspringen, sobald er nach Überschreitung einer bestimmten Schwelle des Kontrollparameters einmal auf eines der Minima des Aufmerksamkeitspotentials abgefallen ist (Bild 28).

An diesem Punkt sollten wir uns vielleicht klarmachen, daß die Größen σ, V und E gegenwärtig nicht operativ, indem wir ein Meßverfahren für diese Größe angeben, definiert werden können. Man darf daher nicht verheimlichen, daß man strenggenommen erst nach Beseitigung dieser Schwierigkeit dieses Problem als in den Rahmen der Physik fallend betrachten darf.

Die sechs binären Strukturen in Tafel IV bestehen jeweils aus einem Paar aneinanderliegender Würfel. Jede dieser Strukturen hat ein Inversionszentrum. Dieses genau in der Mitte zwischen den

130

zwei Würfeln jedes Paares liegende Zentrum ist, auch ohne daß es explizit erscheint, ein wesentlicher Punkt dieser Strukturen. In seiner Eigenschaft als Symmetrieelement könnte man von diesem Zentrum behaupten, daß es dazu beiträgt, das Wesen solcher Strukturen zu definieren (Radicati di Brozolo, 1982).

Wie wir sehen werden, wird während der dynamischen Wahrnehmung der Strukturen, die von aneinanderliegenden und dann graphisch „verschmelzenden" Würfeln gebildet werden (siehe die drei untersten Strukturen in der Abbildung) die Inversionssymmetrie zerstört: Der Punkt im Zentrum der Figur verliert seine Bedeutung als Symmetriezentrum. Und genau dieser Augenblick der Symmetriebrechung macht die Schönheit des Bildes aus: Wahre Schönheit ist bewußt herbeigeführte partielle Symmetriebrechung.

Wir wollen jedoch schrittweise vorgehen. Zu allererst beschäftigen wir uns mit den aus getrennten Würfelelementen bestehenden Strukturen, dann mit jener Struktur, die aus zwei in Annäherungs- bzw. erster Kontaktnahmeposition stehenden Würfels gebildet wird und schließlich mit der „verschmolzenen" Struktur aus zwei Würfeln, die die innere Wand gemeinsam haben.

Analog können wir das Wasserstoffmolekül aus zwei Wasserstoffatomen verschmolzen betrachten: die Würfel entsprechen den Atomen, die Würfelwände den Atomelektronen und die „verschmolzene Struktur" dem Wasserstoffmolekül.

Getrennte Würfel

Die vier Strukturen im oberen Teil von Tafel IV haben ein Inversionszentrum. Die „atomaren" Einheiten, die einander stufenweise angenähert werden, beginnen erst in der vierten der abgebildeten Phasen miteinander in Kontakt zu treten und erscheinen nicht als untereinander verbunden bzw. wenn überhaupt, dann höchstens in dem Sinn, daß sie, gemeinsam als Paar, eine zentralsymmetrische Struktur bilden: Das „Elektron", das zu einer jeden solcher Einheiten gehört, wird von der (schwarz gezeichneten) Seitenfläche dargestellt. Quantentheoretisch ausgedrückt heißt das, daß jedem dieser Würfel ein Zustand ψ_a (links) bzw. ψ_b (rechts) zugeordnet werden kann.

Auch die fünfte Struktur in Tafel IV hat ein Inversionszentrum. In dieser Struktur sind jedoch die beiden Würfel graphisch zueinander in Beziehung gesetzt, insofern als ihre Wände (Elektronen) teilweise übereinander gelagert sind. Entsprechend muß der Beobachter die „elektronischen" Zustände ψ_a und ψ_b, die er bei der Wahrnehmung der getrennten Würfel unabhängig voneinander empfunden hat, in dieser neuen Struktur aufeinander beziehen.

Die elementaren Prozesse, mittels deren sich diese Korrelation zwischen ψ_a und ψ_b realisiert, entwickeln sich gemäß einer komplexen nichtlinearen Dynamik. Praktisch ist es so, als würde der Beobachter, für den die Gestalt noch statisch und zentralsymmetrisch ist, dazu tendieren, dieser Gestalt entweder den einen *oder* den anderen der zwei stationären Zustände ψ_g bzw. ψ_u zuzuordnen. In jedem dieser Zustände gehört die innere Seitenwand immer zur Hälfte zum linken, zur Hälfte zum rechten Element.

Es gibt aber zwei Möglichkeiten, bei denen die Innenwand gleichermaßen zu beiden Würfeln gehört. Im Zustand ψ_g gehört der Mittelpunkt der Wand beiden an, im Zustand ψ_u keinem der beiden. Die Wahrnehmung der Gestalt ist an diesem Punkt noch nicht abgeschlossen: Im allgemeinen läßt sie den Beobachter unbefriedigt (ψ_g oder ψ_u?).

Würfel in Kontakt

Diese Struktur hat, wie die vorangehenden, ebenfalls ein Inversionszentrum. Einem Beobachter, der nicht weiß, wie es zur graphischen Verschmelzung gekommen ist, und der diese Struktur zum ersten Mal sieht, präsentiert sich diese anfänglich als eine zweidimensionale, mit einem Symmetriezentrum versehene Zeichnung. Was aber geschieht, wenn die Kontrolle, die der Beobachter über die von der Gestalt ausgelösten Sinnesreize ausübt, eine bestimmte Schwelle überschreitet? Die verinnerlichte Form gestaltet sich neu und läßt ein völlig neues Bild entstehen, dem sich die Aufmerksamkeit widmen kann. Und plötzlich scheint sich die Form zu beleben, so sehr, daß sie aus der Buchseite praktisch zu verschwinden scheint. Der Beobachter stört das ausgewogene Gleichgewicht zwischen den Struktureinheiten, und im Moment des Übergangs, der von der

Symmetrie- und Gleichgewichtsbrechung hervorgerufen wird, beseitigt der Beobachter die Ungewißheit der in der Papierebene gedachten Komposition. Die vom Graphiker auf das Papier gebrachten morphologischen Wechselwirkungen stimulieren den Beobachter dazu, eine Information zu produzieren: eine Information, die zum Beispiel in der Behauptung besteht, die innere Wand gehöre zum rechten Würfel.

Auf die Frage, ob die Struktur genau im kritischen Moment des Übergangs noch eine zweidimensionale zentralsymmetrische Zeichnung oder schon eine dreidimensionale Struktur mit einem deutlich ausgeformten Würfel an der rechten Seite ist, müßte man antworten: „Sowohl als auch." *Tertium non datur?* In diesem Moment schließen sich die zwei Aspekte dieser einzigen doppeldeutigen Realität, die eine derartige Form darstellt, gegenseitig aus und bleiben doch gleichzeitig in ihr bestehen: In der ursprünglich symmetrischen Struktur zerbricht die Symmetrie, und es entsteht Information.

Die Faszination der Doppeldeutigkeit dieser Gestalt ist an diesem Punkt nicht erschöpft. Man hätte entscheiden können, die innere Wand zuerst dem linken statt dem rechten Würfel zuzuordnen. Was immer aber die ursprüngliche Möglichkeit war – rechts oder links –, der Beobachter wird im weiteren nicht anders können, als ein unaufhörliches Hin und Her perspektivischer Inversionen wahrzunehmen. Und wiederum müßte man auf die Frage, ob die Wand zum rechten oder zum linken Würfel gehört, antworten: zu beiden. *Tertium datur?*

Analysieren wir noch kurz die dynamische Entwicklung des Wahrnehmungsprozesses bei der Beobachtung dieser Struktur. Diese erscheint anfangs zentralsymmetrisch: Aber die Kontrolle, die der Beobachter auf die Gestalt ausübt, erfolgt, wenn sie auch gering ist, doch mit großer Aufmerksamkeit. Der Beobachter tastet die Gestalt genau ab, einmal auf diesem, dann auf jenem graphischen Detail verweilend. Die Kontrolle des Beobachters hat die Tendenz, alle diese Einzelheiten aufeinander zu beziehen, indem er partielle Zusammenfassungen davon im Gedächtnis registriert. Der vom Kontrollverhalten geförderten Tendenz, zu einer umfassenden Zusammenschau der korrelierenden Elemente zu gelangen, wirkt eine ebenfalls instinktive Tendenz entgegen, in der sich die einzelnen

Elemente den kohärenten und geordneten Schemata zu entziehen versuchen, in welchen sie im geistigen Wahrnehmungsprozeß dem Gedächtnis eingeprägt werden.

Gewinnt in der Auseinandersetzung, die solcherart zwischen diesen beiden Tendenzen stattfindet, die Kontrolle die Oberhand, dann eröffnet sich der Aufmerksamkeit des Beobachters ein völlig neues Feld. Der Beobachter registriert, wie die ursprünglich vorhandene Symmetrie bricht, gefolgt von einem rhythmischen Hin und Her perspektivischer Inversionen. Wenden wir uns nochmals diesen zwei Phasen des Wahrnehmungsprozesses und vor allem der Symmetriebrechung zu.

Wie gesagt, sammeln sich die anfangs ungeordneten Sinnesreize unter der Wirkung des Kontrollparameters in geordneten Mustern. Hat der Kontrollparameter einen kritischen Wert erreicht, kann man davon ausgehen, daß alle Reize sich gruppiert haben, und im Rahmen von Mustern oder Zuständen, die wir hier ψ_g und ψ_u nennen könnten (Bild 11), korreliert sind. Am kritischen Übergangspunkt Unordnung $\rightarrow$ Ordnung ordnen sich diese Muster, auch wenn sie voneinander durch eine „Aufmerksamkeitsschwelle" $E_u - E_g$ (Bild 10) getrennt sind, paritätisch zu dem, was wir mit Arnheim *bildhaftes Denken* nennen könnten. An diesem Punkt ist das bildhafte Denken E in der Lage, die Paritätssymmetrie der durch die stationären und zentral-symmetrischen Zustände beschriebenen Struktur zu brechen; die Funktion des Kontrollparameters übernehmend, vermischt das bildhafte Denken gleichmäßig beide Zustände und reorganisiert in dynamischer Weise die Struktur, indem es sie fürs erste in einen der beiden a priori gleichwahrscheinlichen Zustände befördert (bistabiler Brennpunkt in Bild 28): den Zustand $\psi_+(t)$

$$(\psi_g + \psi_u) / \sqrt{2},$$

der im Anfangszeitpunkt $t = 0$ mit ψ_a übereinstimmt, bzw. den Zustand $\psi_-(t)$

$$(\psi_g - \psi_u) / \sqrt{2},$$

der im Anfangszeitpunkt $t = 0$ mit ψ_b übereinstimmt. Zusammen mit diesen Zuständen erreicht der Aufmerksamkeitsgrad ein Minimum. Entsprechend wird die beiden Würfelelementen gemeinsame Wand anfänglich als dem linken Element a oder dem rechten Element b zugehörig erscheinen.

Jetzt jedoch ist die Struktur nicht mehr ein Durcheinander von ungeordneten und inkohärenten Sinnesreizen: Sie wird vielmehr zu einem kohärenten Ganzen, nunmehr „versklavt" in diesem einzigen Freiheitsgrad, der den aus dem bildhaften Denken entstandenen Ordnungsparameter darstellt, so daß die Struktur mit dem bildhaften Denken identisch wird. Letzteres geht siegreich aus dem vom Kontrollparameter gesteuerten Wettkampf zwischen Myriaden von möglichen Freiheitsgraden hervor. Es genügt dann, das Verhalten dieses kohärenten Unikums zu beschreiben, dem nunmehr die doppeldeutige Struktur auch dynamisch vergleichbar ist.

Interpretieren wir nun die zweite Phase des Wahrnehmungsprozesses: jene Phase, die – ausgehend vom kritischen Moment der Symmetriebrechung ($t = 0$) zugunsten der rechten bzw. der linken Wand – in einem stetigen Wechsel von perspektivischen Inversionen zwischen links und rechts besteht.

Die Periodizität der perspektivischen Inversionen ist durch eine breite Verteilung der Inversionsfrequenzen gekennzeichnet; die mittlere Inversionsfrequenz und die Breite der Verteilung hängen vom Abstand der beiden Würfel (wir betrachten wieder Tafel IV) und von der Person des Wahrnehmenden ab.

Abschließend scheint die Behauptung möglich, daß die Wahrnehmung einer zentralsymmetrischen doppeldeutigen Gestalt sich durch die kontrollierte Abfolge elementarer Prozesse realisiert, die durch eine nichtlineare Dynamik charakterisiert sind. Das Ergebnis der Wahrnehmung ist das Brechen der Symmetrie der betreffenden Gestalt; das bildhafte Denken wirkt als Ordnungsparameter. Dieser „stürzt" anfänglich in eines der Minima des Aufmerksamkeitspotentials hinein, indem er die gemeinsame Wand entweder dem linken (ψ_a) oder dem rechten Würfel (ψ_b) zuordnet. Im weiteren Verlauf, der die Verbindung zwischen den zentralsymmetrischen Zuständen ψ_g und ψ_u herstellt, pendelt der Ordnungsparameter zwischen den Minima a und b hin und her, mit einer mittleren Wechselfrequenz ω, die ihrerseits von der Differenz $E_u - E_g$ der obengenannten Zustände abhängt. In zeitlicher Übereinstimmung mit dem bildhaften Denken und in Wechselwirkung mit diesem wechselt die den beiden Würfelelementen gemeinsame Wand rhythmisch zwischen eben diesen.

So gesehen würde die Dynamik der Wahrnehmung von Doppeldeutigkeit auf eine Art Resonanzschaltung zwischen Bild und Beobachter hinauslaufen. Bei einmal gebrochener Symmetrie bestünde die Dynamik der Wahrnehmung und die Wahrnehmung der Dynamik von Doppeldeutigkeit im Erwerb des Bewußtseins seitens des Beobachters, das eigene bildhafte Denken auf Frequenzen um einen Mittelwert ω feinabgestimmt zu haben, wobei dieser Mittelwert durch die morphologischen Wechselwirkungen zwischen den Elementen des Bildes bestimmt wird.

Merken wir zum Schluß noch an, daß im Augenblick der Symmetriebrechung, unmittelbar vor Beginn des alternierenden Perspektivenwechsels, der Prozeß sich so entwickelt, als würde die der zentralsymmetrischen Gestalt innewohnende Unsicherheit beseitigt, und als entstünde ein Informations-bit (die gemeinsame Wand, die zum Zeitpunkt $t = 0$ entweder zum Element a oder zum Element b gehört).

Die doppeldeutigen Strukturen, deren wir uns bedient haben, um auf physiologischer Ebene den Charakter der dynamischen Instabilitäten in den sich selbst organisierenden Strukturen zu erfassen, sind im allgemeinen zentralsymmetrisch. Für diese Strukturen scheint es a priori zulässig, anzunehmen, daß auf sie die im dritten Kapitel gegebene Definition der Symmetrie anwendbar ist. Tatsächlich ist jedoch große Vorsicht geboten.

5.2 Symmetrie als Bedeutungsinvarianz nach Strukturtransformationen; die Rolle der Symmetriebrechung in Dichtung, Musik und bildender Kunst

In Abschnitt 3.1 definierten wir eine Tranformation Ω als Symmetrieoperation anhand einer Gegenüberstellung mit dem Energieoperator H einer Quantenstruktur: Ω ist eine Symmetrieoperation, wenn der Kommutator $(H\Omega - \Omega H)$ gleich Null ist.

Es erhebt sich folgende Frage: Ist es möglich, ein analoges Vergleichskriterium für nicht quantisierte Strukturen festzulegen, z. B. für geometrische Strukturen oder makroskopische Systeme, die sich nicht im thermodynamischen Gleichgewicht befinden, oder eben für Schemata oder Begriffe, in denen sich der Wahrnehmungsprozeß und das Denken artikulieren (vgl. Bild 1)?

Auf die Notwendigkeit, die Bedeutung und die Rolle der Symmetrie und der Symmetriebrechung in komplexen Systemen zu klären, weisen viele Autoren hin (vgl. beispielsweise E. Agazzi, 1973 und P. Morrison, 1978). Im folgenden wollen wir eine mögliche Orientierung vorschlagen, indem wir den Inhalt des Abschnitts 5.1 und einige in den beiden zitierten Arbeiten angeführten Beispiele aufgreifen. Vor allem wollen wir versuchen, ein Kriterium für die Identifizierung der Symmetrie zu formulieren und Symmetrieeigenschaften in Gedichten auszumachen. Wir werden uns im folgenden auf die klassische Definition der Symmetrie berufen, und werden schließlich den ästhetischen Aspekt der Bedeutung der Symmetriebrechung in der Dichtung, der bildenden Kunst und der Musik darlegen.

Wie schon von J. C. Helmcke (1973) formuliert, erkennt man gefühlsmäßig eine Paritätssymmetrie im Anfangsteil eines berühmten Sonetts von Petrarca:

La vita fugge | *e non* | *s'arresta un'ora*

Worin also besteht nun – in präziseren Worten – die Symmetrie dieses Verses? Um darauf eine Antwort zu geben, müssen wir (leider) eine Art Vivisektion an dieser so suggestiven Struktur durchführen. Betrachten wir vorher noch einmal ganz kurz die Rotationssymmetrie eines Kelches oder Weinglases. Die senkrechte Achse des Glases ist eine Symmetrieachse insofern, als wir, wenn wir das Glas um diese Achse gedreht haben, die durchgeführte Rotation nicht feststellen können: Es ist nämlich unmöglich, einen Rotationswinkel zu vermessen, da man keinen absoluten Bezugspunkt für die Winkel (z. B. mittels einer Einkerbung) festlegen kann, ohne die Struktur des Weinglases zu verändern. Es ist aber gerade diese Unmöglichkeit, einen Referenzpunkt für die Winkel festzulegen, die die Invarianz der potentiellen Energie des Glases nach seiner Rotation mit sich bringt.

Prüfen wir nun, was unverändert bliebe, wenn wir am Vers von Petrarca Paritätstransformationen, ausgehend vom zentralen *e non*, durchführen würden, als handle es sich dabei um ein Glas oder um einen Kelch. Wir erhielten zum Beispiel folgendes Resultat:

Un'ora fugge *e non* s'arresta la vita
La vita s'arresta *e non* fugge un'ora
Un'ora s'arresta *e non* fugge la vita

Nur der zweite der drei „Verse", die wir mittels Paritätstransformation aus dem Originalvers erhalten haben, hält den Rhythmus des Endecasillobo (elfsilbigen Verses) aufrecht. Die Frage des Rhythmus wollen wir jedoch an anderer Stelle behandeln, da sie hier von zweitrangiger Bedeutung ist. Alle drei obigen Verse – und das ist wichtig – haben nach wie vor eine Bedeutung, einen Informationsgehalt, der – nebenbei bemerkt – als unverändert gegenüber dem Ausgangsvers erscheint.

Es ist durchaus wahrscheinlich, daß der menschliche Verstand beim Lesen eines Verses oder eines Gedichtes (möglicherweise unbewußt) strukturelle Transformationen vom Typ Ω, wie wir sie skizziert haben, durchführt: Die ästhetische Qualität des Verses, den wir behandelt haben, läßt sich vielleicht teilweise auf ein Gefühl der Sicherheit zurückführen, hervorgerufen durch die Tatsache, daß trotz der durch die Transformationen bewirkten Veränderungen eine Bedeutung erhalten bleibt, und teilweise mag es auch an dem unterschwellig erworbenen Bewußtsein liegen, daß unter verschiedenen möglichen Varianten der Verszeile die Originalform inhaltlich die eindrucksvollste ist.

Ich erwähnte, daß der Rhythmus im vorliegenden Beispiel von sekundärer Bedeutung ist. Es wäre daher interessant, poetische Strukturen zu analysieren, in denen umgekehrt der Rhythmus quasi die Rolle der Bedeutung selbst übernimmt.

Dazu bietet sich Vergil mit seinen Hexametern von fünf Daktylen an. Unter metrischem Gesichtspunkt handelt es sich um Verse mit Translationssymmetrie. Diese Symmetrie beschwört einen konstanten Impuls, welcher – eben durch seine Konstanz – die Translationssymmetrie erzeugt und sich lautmalerisch im Rhythmus manifestiert (vgl. den Exkurs am Ende des Kapitels).

Die angeführten Beispiele geben eine Vorstellung von den Problemen, denen man sich gegenübersieht, wenn man die Symmetriedefinition auf (auch makroskopische) Systeme erweitern will, die komplexer als die elementaren physikalisch-chemischen, von einem zeitunabhängigen Energieoperator charakterisierten Strukturen oder als die einfachen geometrischen Strukturen sind.

Was die geometrischen oder architektonischen Strukturen betrifft, so treten keine Schwierigkeiten auf. Es genügt hier, auf die von Weyl (1952) vorgeschlagene Definition zurückzugreifen: Eine Struktur ist symmetrisch, wenn sie nach Ausführung einer bestimmten Transformation wie z. B. Spiegelung an einer Ebene oder Rotation um eine Achse in ihren ursprünglichen Zustand zurückkehrt. Auch für diese Klasse von Strukturen sind jene Musterbildungen symmetrisch, deren Elemente nach bestimmten über der Struktur operierenden Transformationen unveränderte Strukturbeziehungen beibehalten.

In bezug auf die Wahrnehmung interessieren uns die (makroskopischen) Systeme, die in verinnerlichtem Zustand Sinnesreize auslösen, die sich ihrerseits im Gehirn organisieren und in der Folge den Gedanken produzieren. Für diese Systeme scheint es möglich, in der *Bedeutung* die „Observable" auszumachen, der eine Transformation Ω linguistischer oder begrifflicher Art gegenüberzustellen wäre, um prüfen zu können, ob es sich bei der letzteren um eine Symmetrietransformation handelt: Die Bedeutung erhält somit eine entscheidende Funktion, analog jener des Energieoperators H bei der Quantenstruktur.

Anders ausgedrückt und eingedenk der schon zitierten Behauptung von Lee (Abschnitt 3.1): *Es liegt immer dann Symmetrie vor, wenn man eine durchgeführte Strukturtransformation nachträglich nicht mehr feststellen kann.*

So ist – wir haben es im Fall der Metrik gesehen – eine Verschiebung der Versfüße symmetrisch, wenn sie nicht eine wahrnehmbare Änderung des Rhythmus bewirkt. Analog ist die durch Hervorhebung von Teilaspekten erfolgende Gliederung von Begriffen, die durch ein Bild hervorgerufen werden, symmetrisch, wenn diese „rhythmische Gliederung" keine wahrnehmbare Änderung der Begriffe selbst herbeiführt. So kann Bild 29 als symmetrisch angesehen werden bis zu dem Moment, in dem der Betrachter darin *nur* eine junge Frau bzw. eine nicht mehr junge Frau erblickt. Genau genommen kann ja auch ein Gesicht symmetrisch erscheinen bis zu dem Augenblick, in dem man im rechten Auge einen von dem des linken Auges verschiedenen Ausdruck bemerkt usw.

Dementsprechend ist begrifflich, nicht so sehr die Energie, sondern vielmehr die Information, die die Qualität der Energie dar-

Bild 29 Zeichnung des Karikaturisten W. E. Hill aus dem Jahre 1915, eine junge Frau und eine Greisin darstellend. Das Kinn der jungen Frau ist gleichzeitig die Nase der alten Frau (aus F. Attneave, Le Scienze, Nr. 43 (1972), S. 84).

stellt, von Bedeutung. Eine Struktur erscheint so lange als qualitativ symmetrisch, bis sich in der Folge einer rhythmischen Gliederung jener Struktur eine dynamische Instabilität des Wahrnehmungsprozesses herausbildet und man bemerkt, daß man eine Information er-

140

halten hat daß man eine neue Bedeutung zugeordnet hat oder daß plötzlich eine Idee gekommen ist.

Symmetriebrechung heißt also Zerstörung eines den strukturellen Beziehungen – seien sie geometrischer, rhythmischer, akustischer oder begrifflicher Art – angepaßten Gleichgewichts.

Auf künstlerischem Gebiet stellt die Einführung von Symmetrieelementen in eine Struktur ein ursprüngliches ästhetisches Bedürfnis dar. Die Symmetrieelemente sind den Werken der bildenden Kunst oder der Dichtung mehr oder weniger versteckt eingefügt. Andererseits will sich der Künstler selbst den Genuß, die Symmetrie zu zerstören, verschaffen, oder auch, wie im Fall der Wahrnehmung doppeldeutiger Strukturen, diesen Genuß mit dem Betrachter des Bildes teilen.

Einem Gehör, das auf den Rhythmus des Alexandriners – der Alexandriner ist ein 12silbriger Vers mit Zäsur nach der sechsten Silbe (6 + 6) oder Zäsuren nach jeweils vier (4 + 4 + 4) bzw. drei (3 + 3 + 3 + 3) Silben – eingespielt ist, wird die Symmetriebrechung im zweiten Vers des folgenden Beispiels nicht entgehen (Callois, 1973):

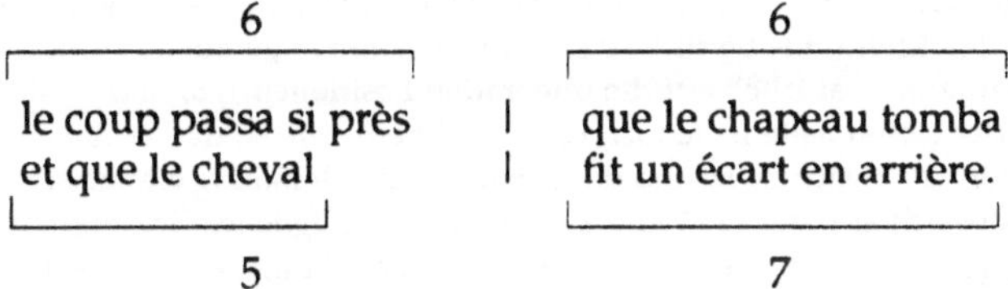

Die Symmetriebrechung (5 + 7) ist ein förmliches Aufbäumen des Verses, das V. Hugo zur Verlebendigung der Handlung einsetzt: Ein General zu Pferd begegnet nach der Schlacht einem verwundeten feindlichen Soldaten und bietet ihm eine Feldflasche mit Rum an. Der Soldat, anstatt ihm zu danken, schießt mit einer Pistole auf ihn.

In der Musik weist man gern auf den „Zwiespalt zwischen Hintergrund und Form" im Präludium der Partita Nr. 3 für Violine solo hin, den J. S. Bach uns zur Auflösung gibt (Tafel X).

Unser Gehör wird dazu stimuliert, die Translationssymmetrien zu zerstören, an denen die Resonanzmodulstruktur der Partitur bei einer synchronen Lesung reich zu sein scheint, so daß wir uns belohnt fühlen, wenn wir nach intensiven und wiederholten Bemü-

Tafel X Ausschnitt aus dem Präludium der Partita Nr. 3 in E-Dur für Solovioline, BWV 1006, von Johann Sebastian Bach.

Ausgehend vom 'forte' des zweiten Taktes (der in Wirklichkeit der siebzehnte dieses Präludiums ist) bis zur mit **B** gekennzeichneten Stelle, tritt die Note E der leeren Saite systematisch jedes vierte Zweiunddreißigstel in den Positionen 2, 6 und 10 jedes Taktes auf. Die musikalische Struktur, gerade insofern sie dieses Wiederholungsmuster aufweist, ist also durch eine (wenn auch nur partielle) Translationssymmetrie gekennzeichnet. Was den Rhythmus betrifft, so sind die genannten geraden Positionen sekundär, da die Betonung natürlich auf die ungeraden Positionen 1, 5, und 9 fallen würde. Der Klang der leeren Saite ist jedoch reich an Obertönen, so daß er die Aufmerksamkeit des Hörers auf sich zieht und dazu tendiert, die Betonung einzufangen. Der Zuhörende findet sich also vor die Wahl zwischen zwei möglichen Betonungssequenzen, nämlich „gerade" oder „ungerade", gestellt und erlebt im Bereich des Hörsinnes eine Überraschung, wie sie analog bei der dynamischen Wahrnehmung der Schröderschen Treppe (Bild 4) oder der Kirchenmauer im Gemälde von van Gogh (Tafel II) auftritt.

Einfacher gesagt: Man versuche einmal die Sequenz

...bergebergebergebergebergebergeber...

laut vor sich hinzusprechen: Ein Fehler in der Betonungsabfolge führt früher oder später von der „Hauptmelodie" (Berge) zur „Nebenmelodie" (Geber).

Tafel XI Giotto, Petrus auf dem Thron. Polittico Stefaneschi, Pinakothek des Vatikans, Saal I

hungen dahin gelangen, die Dynamik jener Doppeldeutigkeit hören zu können, die aus derartigen Symmetriebrechungen entsteht.

Was den Bereich des Sehsinnes betrifft, so ist es Giotto, der ständig und auf direkte Weise Symmetriebrechungen in die Malerei einführt. Diese Symmetriebrechungen – eine gewaltige Innovation in der byzantinischen Kunst – sind der Struktur „inkorporiert" und werden nicht durch eine aktive Kontrolle der Struktur seitens des Betrachters hervorgerufen, wie das bei der Wahrnehmung von doppeldeutigen Strukturen der Fall ist. Sie produzieren vielmehr den in gewissem Sinne umgekehrten Effekt, nämlich sich als Wahrnehmungsausschnitte herauszubilden, auf die sich instinktiv die Kontrolle des Beobachters und folglich das bildhafte Denken konzentriert. Man denke beispielsweise an die Brechung der Translationssymmetrie in der Cappella degli Scrovegni in Padua oder an das Gesicht und die Hände des Heiligen Petrus im Zentrum der vorwiegend symmetrischen Struktur des Throns im Bild des Polittico Stefaneschi (Tafel XI): Der lebhafte und leicht schielende Blick von Petrus zieht den Beobachter unwiderstehlich an und konstituiert sich sofort als Pol seines bildhaften Denkens.

Zusammenfassend gesagt: In der Dichtung oder in der bildenden Kunst kann eine strukturelle Transformation nur dann als *Symmetrietransformation* klassifiziert werden, wenn sie das Wesentliche, die „Essenz" der Struktur unberührt läßt. Vor allem darf sie die Bedeutung der Struktur nicht merkbar verändern. Oder sie muß wenigstens *die Existenz der Bedeutung erhalten* und nicht in Frage stellen.

Die Symmetrie impliziert demnach eine Art wechselseitiger Anpassung von Beziehungen zwischen Struktureinheiten, die ihrerseits aus der Unmerklichkeit der Unterschiede zwischen diesen Einheiten hervorgeht. In dieser wechselseitiger Anpassung von Beziehungen zwischen innerlich sich im Gleichgewicht befindlichen Einheiten – ein Gleichgewicht, das jedoch oft nur danach verlangt, gebrochen zu werden – finden wir mit Weyl (1952) die Faszination einer Idee wieder, „die den Menschen durch die Jahrhunderte zum Verständnis der Ordnung, der Schönheit und der Vollkommenheit geführt hat": die συμμετρια. Sollte tatsächlich Raimondo Malgaroli recht haben, der sich keine Gelegenheit entgehen läßt, mich daran zu erinnern, daß „das schon die Griechen gesagt" hätten?

Exkurs
Die Musikalität bei Vergil[6]

Der Prozeß der Wissenschaft ist der Prozeß wissenschaftlicher Objektivierung, wobei Objektivierung als gesteigerte Annäherung an die Wahrheit verstanden wird. Wissenschaft ist daher im wesentlichen Erkenntnistätigkeit, auch wenn sie essentiell Aspekte enthält, die außerhalb des Erkenntnisbereichts liegen [...]. Der Prozeß der Kunst ist der Prozeß künstlerischer Objektivierung, wobei die Objektivierung als gesteigerte Annäherung an die Schönheit verstanden wird. Kunst ist daher im wesentlichen ästhetische Tätigkeit, auch wenn sie außerästhetische Aspekte aufweist.

Joseph Agassi, 1979

Der Vorhang hat sich mittlerweile über die Festlichkeiten zum zweitausendjährigen Jubiläum Vergils gesenkt.

māĭŏ | *résquĕ că* | *dúnt* | | *āl* | *tís dē* | *mónfĭbŭs* | *úmbrāē*

Während die Schatten der Nacht, die uns von der Morgendämmerung des nächsten Jahrtausends trennt, immer länger werden, sei es einem Laien gestattet, sich über ein Element der Vergilschen Dichtung zu verbreiten, das empfänglich für eine nicht ausschließlich literaturkritische Annäherung zu sein scheint: die Musikalität.
Montale schreibt:

„Wenn ich die Dichtung als ein Objekt auffasse, dann halte ich sie für entstanden aus der Notwendigkeit, dem hämmernden

---

6 Dieser Exkurs ist die Überarbeitung einer „Abschweifung" des Autors, veröffentlicht in der Aprilausgabe von *Scienza, 1983* (Gruppo Editoriale, Fabbri, Milano)

Rhythmus der ersten Stammesmusiken einen vokalischen Klang (einWort) hinzuzufügen (...). Noch in den frühesten Nibelungen-Sagen und später in den romanischen ist die wahre Natur der Dichtung der Klang."

Es erhebt sich die Frage, was die Hexameter Vergils mit dem hämmernden Rhythmus urgeschichtlicher Stammesmusik gemeinsam haben und ob der Klang, auch in der Dichtung des Vergil, wirklich von so großer Bedeutung ist. Bei Vergil passen sich Klang, Metrik und Gesang jedesmal neu den Erfordernissen des Ausdrucks an, so daß nicht selten Form und Inhalt eins werden.

Gehen wir jedoch der Reihe nach vor. Die Bedrohung des Lateinischen in unserer Schule durch unsere Reformisten macht, so fürchte ich, eine kurze Abschweifung in die Metrik notwendig. Keine Angst, es handelt sich nur um wenige Worte, um gewisse Begriffe, die wir ohnehin gewissermaßen „im Blut" haben.

Die Hexameter – von denen wir einen oben in den ersten Zeilen transkribiert haben – setzen sich aus sechs „Metren" oder „Versfüßen" zusammen. Ein Versfuß enthält zwei bzw. drei Silben und folglich ebensoviele Vokale. Es ist hier anzumerken, daß auch bei den alten Römern das *u* nach dem *q* nicht als Vokal gerechnet wurde. Außerdem haben die mit dem Kennzeichen S. P. Q. R. versehenen Bürger [die Römer; Anmerkung der Übersetzer], die vom Ara *coeli* mit dem Fallen der Abendschatten (umbr*ae* della sera) herunterstiegen, die Diphthonge also die aufeinanderfolgenden Vokalpaare *ae, oe* zu einem einzigen, „langen" Vokal assimiliert. Es gibt verschiedene Typen von Metren: Daktylus, Spondeus, Trochäus. Für diese verwendet man jeweils die Symbole $\bar{-}\,\smile\,\smile$, $\bar{-}\,-$, $\bar{-}\,\smile$. Das Zeichen $\bar{\ }$ über einem Vokal zeigt an, daß es sich um einen langen Vokal handelt, d. h. einen Vokal, den man mit angehaltener Stimme ausspricht. Das Zeichen $\smile$ zeigt hingegen einen kurzen Vokal an. Die langen Vokale (bzw. die Diphthonge) sind die einzigen, die einen Betonungsakzent $\acute{\ }$ tragen können. Zum Beispiel: das erste *a* in „Italia" in der italienischen Nationalhymne. Oder der Diphthong *eu* im Wort *Freude*, am Anfang der Hymne an die Freude in Beethovens Neunter Symphonie, die – man bemerkt es sofort – im Rhythmus der dreifüßigen katalektischen Trochäen hervorbricht, um den

Eintritt Griechenlands, Heimat des Archilochos, ins Vereinte Europa zu feiern.

Die Hexameter sind, wie gesagt, aus sechs Versfüßen zusammengesetzt. Die ersten vier sind Daktylen ($-\,\smile$, das Zeichen $'$ zeigt einen langen, betonten Vokal an) oder Spondei ($'-$), der fünfte ist meist ein Daktylus und der letzte ein Trochäus ($-\,\smile$) oder Spondeus.

Ausgehend von der Annahme, der fünfte Versfuß sei stets ein Daktylus (Vergil ist nicht Catull!) richten wir unsere Aufmerksamkeit auf die ersten vier Versfüße. Jeder von ihnen kann ein Daktylus (d) oder ein Spondeus (s) sein. Wenn die Abfolge der möglichen binären Schritte zwischen d und s rein zufällig wäre (man denke etwa an „Kopf und Zahl" bei der Münze), dann müßten wir bei durchschnittlich jedem sechszehnten Hexameter ($2 \cdot 2 \cdot 2 \cdot 2 = 16$) einen finden, der insgesamt aus fünf d und einem End-Spondeus oder -Trochäus zusammmgengesetzt ist.

Ein Diplomand der Semiotik der Musik könnte die Verteilung der d und s in den ersten vier Versfüssen aller Hexameter von Vergil erheben und das Ergebnis mit der Verteilung der Binomialkoeffizienten (Pascalsches Dreieck) vergleichen. Mit anderen Worten: Wäre die Entscheidung des Dichters dem Zufall anvertraut, dann müßten in einer Gruppe von sechzehn Hexametern die ersten vier Versfüße durchschnittlich die folgenden Wiederholungsmuster aufweisen (vgl. dazu die Tabelle in Bild 32, besonders die mit $N = 4$ bezeichnete Zeile):

*ein*mal, wie gesagt, vier d;
*vier*mal ein d und drei s;
*sechs*mal zwei d und zwei s;
*vier*mal drei d und ein s;
*ein*mal vier Spondei $(1 + 4 + 6 + 4 + 1) = 16$.

In den Bukolischen Gesängen weist keiner der 84 Verse der ersten Ekloge fünf Daktylen auf. Das Fehlen dieses Verstyps, das mich seit meinen Gymnasialjahren beschäftigt hat, wird jedoch in den folgenden Eklogen kompensiert. So wird z. B. in der 8. Ekloge der gleiche, aus fünf Daktylen bestehende Hexameter mit der Sehnsucht und Beharrlichkeit eines Liebenden gut achtmal als Ritornell wiederholt (übrigens: numero deus impare gaudet, Gott erfreut sich an den ungeraden Zahlen):

Ducite ab | urbe do | mum, mea | carmina, | ducite | Daphnin

(führt sie aus der Stadt nach Hause zurück, meine Gesänge, führet
Daphnis zurück!)

Wer, mit dem Finger den Takt schlagend, die in den Versen von
Vergil verborgenen Zahlen abruft, kann eine fast systematische Korrelation zwischen den Hexametern mit fünf Daktylen und der von
diesen bewirkten dynamischen Bewegungsvorstellung feststellen.

Dies versinnbildlicht der Abschnitt aus der Äneis:

quadrupe | dante pu | trem soni | tu quatit | ungula | campum

Die Evokation des vierfachen Hufklangs eines galoppierenden Pferdes, der das staubige Feld erschüttert, ist hier Ergebnis einer sicherlich nicht zufälligen Wahl der Mittel.

Untersuchen wir die Mittel etwas näher. – Montale betrachtet
den Hexameter als Objekt, also wie beispielsweise einen korinthischen Krug (Tafel XII), auf dem – welch ein Zufall! – ein Pferd dargestellt ist. Betrachten wir insbesondere eines der Pferde im oberen
Teil des Kruges. Es fällt sofort auf, daß man an der Vase eine Transformation durchführen kann, ohne daß diese Spuren hinterläßt,
nämlich eine schrittweise Rotation: man kann das nachfolgende
Pferd durch Rotation der Vase in die Position des vorangehenden
Pferdes verschieben. Auf diese Weise haben wir eine Transformation realisiert, die so wirkt, daß die Identität der Vase bewahrt
bleibt, also eine Symmetrieoperation: Die Darstellung des Pferdes
auf dem korinthischen Krug hat Translationssymmetrie. Wie jede
Symmetrieoperation stellt die Translationssymmetrie einen Bezugspunkt für die Struktur dar und trägt dazu bei, deren Bedeutung zu
identifizieren.

In der Physik erzeugt der Impuls die Translation. Wenn jedoch
die Translation eine Symmetrieoperation ist, sind die Veränderungen, die sich im Gefolge der Translation ergeben können, nicht fest-
stellbar. Insbesondere hat die Translation keine Auswirkungen auf
die Energie der Struktur. Die Translation läuft also so ab, als sei die
Struktur isoliert, d. h. nicht Objekt äußerer Kräfte. Unter diesen Bedingungen ist der Impuls der Struktur konstant. Dies ist letztlich
der Grund, warum derjenige, der den korinthischen Krug bemalte,
sich bei der Darstellung des Pferdes dieser bestimmten räumlichen
Gliederung bedient hat, um eine Vorstellung von einer regelmäßigen und gegliederten Bewegung zu geben.

Tafel XII Korinthischer Mischkrug, Reiter mit Tierfries. Rom, Archäologische Superintendanz für Süd-Etrurien, Museum der Villa Giulia.

Bild 30

149

Kehren wir nun zum pentadaktylischen Hexameter zurück, in Bild 30 in Gestalt eines Fünfecks transkribiert. Das abschließende Wort „campum" beiseitelassend, könnten wir die Daktylen wie die Pferde auf der Krugvase behandeln. Wir wollen nämlich versuchen herauszufinden, ob wir infolge einer Translation der Daktylen, die in sich selbst endet (wie die Translation der Pferde auf der Vase), eine Veränderung des Verses feststellen können. Ersetzen wir also den ersten Daktylus durch den zweiten, den zweiten durch den dritten usw. und am Schluß den letzten durch den ersten. Wir erhalten – oh Dante, welch Angriff auf deinen Vergil! –:

Dante pu | trem soni | tu quatit | ungula | quadrupe | campum

Im Gefolge der Translation erhält sich der Rhythmus eindeutig unverändert. Aufgrund der Translationssymmetrie in der pentadaktylischen Struktur des Hexameters stellt der Rhythmus einen Bezugspunkt für diese poetische Struktur dar und trägt damit zu ihrer Bedeutung bei. Der Translationssymmetrie, mittels der wir durch die Metrik in einer poetischen Struktur zu einer im Wesen periodischen Betonung gelangen, ist der Begriff des konstanten Impulses zugeordnet.

Dies ist letztlich der Grund, warum Vergil nicht zufällig seinem Hexameter eine Translationssymmetrie verleiht, wenn die vorherrschende Bedeutung seines Verses in der Periodizitätt oder Wiederholbarkeit einer Handlung, d. h. im Rhythmus liegt: So verfahrend erzeugt er lautmalerisch den konstanten Impuls.

Wir haben uns bis jetzt bei der Frage des Rhythmus oder, wenn man so will, beim hämmernden Rhythmus der Stammesmusik aufgehalten. Aber Schlagzeugbegleitung macht noch keine Musik, so wie der Rhythmus allein noch keine Dichtung macht. Für die Musik und für die Dichtung bedarf es des Klanges.

Versuchen wir also, den abschließenden Vers der Ersten Ekloge, den wir am Beginn transkribiert haben, noch einmal laut zu lesen, die Silben genauso betonend, wie es sich ein alter Lateinlehrer wünschen würde. Es wird nicht lange dauern, bis wir einen Kontrast zwischen den Klängen entdecken, der sich harmonisch mit dem dynamischen Anschwellen des Rhythmus vereint.

Betrachtet man den Klang des Verses von Vergil, so fällt das scharfe i in der Mitte des Verses – ein letztes Aufleuchten, das nach

der Zäsur eindringt – zwischen düsteren u und dem o des dritten
Daktylus auf; diese schweren Vokale verlängern sich gleichsam in
die Tiefe wie abendliche Schatten. Im Bereich der Metrik wechseln
sich die Daktylen mit den Spondei ab: Es entstehen so aufeinander-
folgende Rhythmusbeschleunigungen und die Translationssymmetrie wird gebrochen.

Man darf abschließend vielleicht schlußfolgern, daß die Musikalität einer der Kanäle ist, durch die Vergil in sein Werk das Wesen
der Natur überträgt, deren Gesetzlichkeiten er gefühlsmäßig vor-
aussieht: Gesetze, die er dann durch die bewundernswerte Kraft
seines Gesangs ausdrückt.

Kapitel 6
Zusammenfassung

Im Antrieb, einen Ausweg zu suchen, gibt es immer eine Art
von Liebe zum Labyrinth an sich; und zum Spiel des Sich-im-
Labyrinth-Verlierens gehört auch ein gewisser ingrimmiger
Eifer, den Ausgang zu finden.

Italo Calvino, 1962

Das Schlußkapitel einer gut aufgebauten Schrift beginnt in der
Regel mit der Auflistung der behandelten Themen, dann folgt eine
Gegenüberstellung der Ergebnisse mit den zu Beginn formulierten
Zielen und schließt mit einem Hinweis auf die Perspektiven, die
sich bei einer weiteren Behandlung des Themas eröffnen würden.
Um Platz zu sparen und um den Leser nicht zu langweilen, be-
schränke ich mich darauf, die Hauptthese dieses Buches zu umreißen. Auch möchte ich mich Exkursen in philosophische, psychologische, ethische, biologische und soziale Bereiche enthalten.

Das Verhältnis eines jeden Menschen zu den natürlichen Strukturen wird durch das Denken geordnet. Dieses Verhältnis kann mit
Hilfe einiger vereinheitlichenden Faktoren beschrieben werden. Wir
denken dabei an die Entropie oder Ungewißheit, an die Beseitigung
der Ungewißheit (d. h. an die Information), an Symmetrie und Symmetriebrechung, an Ordnung, Erhaltung und an die Doppeldeutigkeit.

Unter diesen vereinheitlichenden Faktoren nimmt die Doppeldeutigkeit eine zentrale Stellung ein. Im Zusammentreffen von Entropie und Ordnung, von Evolution und Erhaltung, von Symmetrie
und Symmetriebrechung manifestiert sich die Doppeldeutigkeit im
kritischen Punkt jeder Entscheidung, sogar da, wo die Sinnesreize

zu einer Idee, einer Vorstellung zusammenfließen und diese Vorstellung zum Gedanken wird.

Es überrascht also keinswegs, daß sich mitunter Physiker und Chemiker zum Zwecke der Analyse oder der Erläuterung einer Struktur, bei der Diskussion von Eigenschaften und Verhalten natürlicher Systeme auf die doppeldeutige Sprache bildhafter Elemente zurückzugreifen und sich diese fast als eine Art von „Basis-Sprache" aneignen. Umgekehrt müßte die Tatsache erstaunen, daß eine nicht konkretisierbare, labyrinthhafte und widerspruchsvolle, von Natur aus doppeldeutige Struktur eine Brücke zur Physik schlagen kann: Der Wahrnehmungsprozeß, der beim Betrachten einer solchen Struktur einsetzt, erinnert an grundlegende Konzepte der Quantenphysik und der Spektroskopie, der Synergetik und der irreversiblen Thermodynamik.

Die Wichtigkeit und zentrale Stellung der Rolle, die die Doppeldeutigkeit schlußendlich einnimmt, könnten fast unheimlich er-

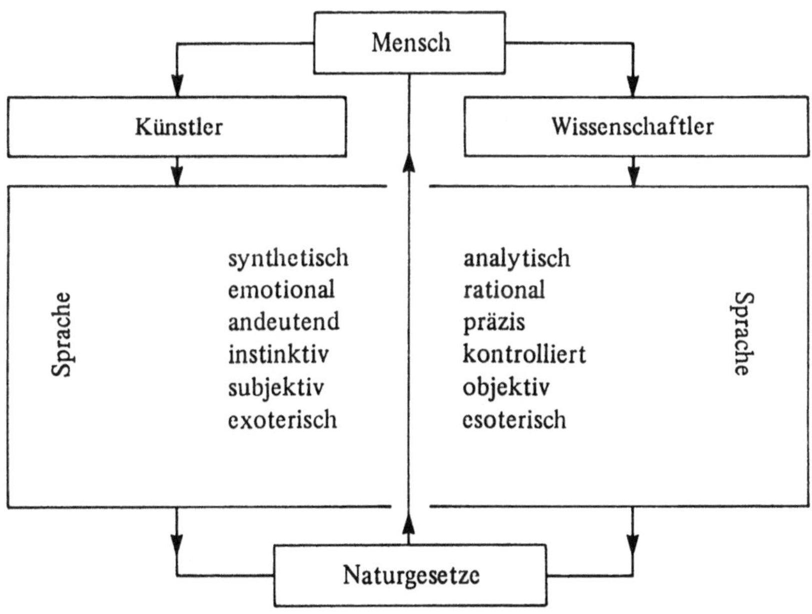

Bild 31 Sprache und Doppeldeutigkeit

scheinen. Was aber ist der ursprüngliche Ausgangspunkt dieser destabilisierenden und eigentlich wenig bequemen Sachlage?

„In interiore homine habitat veritas." Wir verdanken Augustinus den Anstoß zur Beantwortung dieser Frage. Der Mensch als Künstler und der Mensch als Wissenschaftler folgen auf ihrem Weg zur Schönheit bzw. zur Wahrheit den grundlegenden Gesetzen, die die Natur und die Mechanismen ihres Entstehens regeln. Beide, der Künstler wie der Wissenschaftler, drücken in der Manifestierung ihrer Gedanken diese Gesetze aus, jeder in der ihm eigenen Sprache (Bild 31). Die Sprache des Künstlers ist im allgemeinen synthetisch, andeutend, emotional, exoterisch, jene des Wissenschaftleres meist analytisch, präzise, rational, esoterisch. Treffen aber Wissenschaft und Kunst aufeinander, wird die Sprache gleichzeitig analytisch und synthetisch, präzise und andeutend, rational und emotional, esoterisch und exoterisch. In einem Wort, sie wird doppeldeutig, voller Überraschungen. Labyrinthhaft und stimulierend in ihrer dynamischen Instabilität wird sie zum Urbild der spielerischen Konstante einer Kultur; die Doppeldeutigkeit wird zum bleibenden kulturellen Wert.

Anhang I
Das Atom in der Quantenmechanik

Es wäre ein sinnloses Unterfangen, hier die Grundlagen der Quantenmechanik zusammenfassen zu wollen. Wir beschränken uns daher hier auf die Erläuterung einiger Schlüsselbegriffe. Vor allem werden wir unsere Aufmerksamkeit auf die *Energieniveaus* richten und im weiteren auf die atomaren Wellenfunktionen oder *stationären Zustände*, die mit jenen verbunden sind.

Betrachten wir vorweg einen künstlichen sich in einer Erdumlaufbahn befindlichen Satelliten. Führt man ihm Energie zu, kann er kontinuierlich die geometrischen Charakteriska seiner Umlaufbahn verändern; auch kann er beliebige Energien aufnehmen. Seinen niedrigsten energetischen Zustand (den Grundzustand) erreicht er, wenn er auf die Erde stürzt. Dies kann passieren, wenn der Satellit durch Reibung (mit der Erdatmosphäre) allmählich Energie verliert und sich dadurch auf spiralförmigen Bahnen der Erde nähert.

Ganz anders verhalten sich dagegen die Elektronen in einem Atom: Ein Elektron kann nur *diskrete* (ganz bestimmte) *Energieniveaus* einnehmen. Beim Sprung von einem Niveau m der Energie E_m zu einem Niveau n der Energie E_n emittiert das Elektron elektromagnetische Strahlung der Frequenz

$$v_{mn} = \frac{E_m - E_n}{h} \, ,$$

also Strahlung einer einzigen (diskreten) Frequenz bzw. Wellenlänge; h ist dabei das Plancksche Wirkungsquantum ($h = 6{,}626 \cdot 10^{-34}$ J $\cdot$ s). Ein Elektron kann in einem Atom mehrere (aber eben nur ganz bestimmte, diskrete) Energieniveaus einnehmen (Bild 6): Auf atomarer Ebene ist die Welt quantisiert.

Jedem Energieniveau entspricht ein Zustand, beschrieben durch eine *Wellen-* oder *Zustandsfunktion.* Eine solche Wellenfunktion wird zur Beschreibung der Wahrscheinlichkeit, daß sich ein bestimmtes Elektron irgendwo im Umkreis des Atomkerns aufhält, herangezogen: Die Wellenfunktion repräsentiert eine *Wahrscheinlichkeitsamplitude,* ihr Betragsquadrat die *Aufenthaltswahrscheinlichkeit* pro Volumeneinheit. – Der Zustand, der zum niedrigsten Energieniveau gehört, wird Grundzustand genannt.

Bei einem bestimmten Abstand vom Mittelpunkt des Atomkerns ist das Elektron mit der größten Wahrscheinlichkeit anzutreffen (Maximum der Aufenthaltswahrscheinlichkeit); dieser Abstand wird *Bohrscher Radius* genannt. Ein Versuch, zu einem bestimmten Zeitpunkt den Ort des Elektrons und gleichzeitig seinen Impuls *exakt* anzugeben, ist prinzipiell zum Scheitern verurteilt (*Heisenbergsche Unschärferelation*). Eine präzise Messung, wie sie für die Lokalisierung des Elektrons notwendig wäre, bringt nämlich eine spezifische Wechselwirkung zwischen den für die Messung verwendeten Beobachtungsinstrumenten und dem Elektron mit sich. Es könnte zum Beispiel erforderlich sein, daß man zur Positionsbestimmung des Elektrons dieses mittels Strahlung „anleuchtet" (spektroskopische Untersuchungen). Dabei würde die verwendete Strahlung soviel Energie und Impuls an das Elektron abgeben, daß dieses sich definitiv aus dem ursprünglichen Zustand wegbewegen würde, analog der Wahrnehmung doppeldeutiger Strukturen (vgl. den „Exkurs" am Ende von Kapitel 2).

Die Heisenbergsche Unschärferelation zwischen Ort x und Impuls p kann quantitativ angegeben werden. Seien Δx und Δp die Minimalwerte der Fehler, mit denen es möglich ist, x und p zur gleichen Zeit zu messen, gilt:

$$\Delta x \cdot \Delta p \geq h/2\pi$$

Das Plancksche Wirkungsquantum h spielt für die formale Beschreibung jedes Quantenphänomens eine Rolle. Es liefert uns ein Kriterium für die Unterscheidung zwischen groß und klein, makroskopisch und mikroskopisch, klassisch und quantentheoretisch. Daß das Wirkungsquantum h nicht Null ist, erklärt auch, warum zur Erforschung der Elementarteilchen gewaltige Beschleuniger notwendig sind (äußerst kleine Ortsunsicherheiten implizieren sehr große Impulse und damit hohe Energien).

Auf das Wasserstoffatom (1 Proton + 1 Elektron) zurückkommend, beruhigt uns der Zahlenwert von h hinsichtlich der Unmöglichkeit, daß das Elektron – trotz der enormen elektrostatischen Anziehungskraft, die auf so kurze Distanz zwischen Elektron und Proton herrscht – endgültig auf das Proton stürzt und auf diesem gewissermaßen „kleben" bleibt. Das Elektron auf dem Proton „festzunageln", wäre nämlich gleichbedeutend damit, es mit größter Präzision lokalisieren zu können. Dank des Heisenbergschen Prinzips würde die Impulsunschärfe eines lokalisierten Elektrons diesem die Flucht ermöglichen. Wäre das Wirkungsquantum Null, würde das Elektron auf den Kern stürzen.

Anhang II
Einführende Hinweise zum
Stark-Effekt

Läßt man ein elektrisches Feld auf ein Atom einwirken, dann wird die ursprüngliche Kugelsymmetrie des Atoms zerstört, und sowohl die Energieniveaus als auch deren stationäre elektronische Zustände werden neu strukturiert (Stark-Effekt).

Das elektrische Feld schafft eine Vorzugsrichtung; bestimmte Atomorbitale (z. B. $2s$ und $2p_z$ des Wasserstoffatoms) können vermischen (hybridisieren). Dadurch entstehen im durch das elektrische Feld gestörten Atom neue Orbitale. Folglich ändert das elektrische Feld auch die Anordnung und die Höhe der Energieniveaus; im Spektrum treten zusätzliche Linien auf.

Im Rahmen der Quantenmechanik kann das Verhalten der Atome im elektrischen Feld durch eine Störungstheorie beschrieben werden. Fermis Notizen (Tafel XIII) zeigen, wie kompliziert die Theorie ist.

Tafel XIII Der Stark-Effekt im Wasserstoffatom (Ausschnitt aus Enrico Fermis Notizen zu einer seiner letzten Vorlesungen, gehalten in Chicago im Winter 1954; aus Fermi, 1966)

Determine then

$$(5) \qquad C_\alpha = \frac{\sum_1^g C_\delta H_{\alpha\delta}}{E_0 - E_0^{(\alpha)}} \qquad \underline{\textit{large denominator !}}$$

gives first order correction to wave function.

<u>Comments</u> : role of conservation theorems in reducing secular problem (4)

<u>Example</u> Stark effect in H $n=2$ levels

Perturbation

$$(6) \qquad\qquad \mathcal{H} = +eFz \qquad F = \text{electric field}$$

4 deg leveles of unpert. problem

$$(7) \qquad 2s, \, 2p_1, \, 2p_0, \, 2p_{-1} \quad (\text{see } p.\ 8\text{-}4)$$

Observe:

$$(8) \qquad\qquad [\mathcal{H}, M_z] = 0$$

Therefore perturbation mixes only states of equal $\underline{m}$, like $2s$ and $2p_0$.

$2p_1$ and $2p_{-1}$ have their energies perturbed (as in case of non degeneracy) in first approx. $(21 - (15))$ by amt

$$(9) \begin{cases} \qquad \langle 2p_1 | eFz | 2p_1 \rangle = \\ = eF \int z |\psi_{2p_1}|^2 d^3x = 0 \quad \left(\begin{array}{l}\text{because } z \text{ odd} \\ |\psi_{2p_1}|^2 \text{ even}\end{array}\right) \end{cases}$$

Same for $2p_{-1}$

Therefore $2p_1$ & $2p_{-1}$ unperturbed in first approximation.

$$(10) \qquad \psi_{2s} = \frac{1}{\sqrt{32\pi a^3}} \left(2 - \frac{r}{a}\right) e^{-\frac{r}{2a}}$$

$$(11) \qquad \psi_{2p_0} = \frac{1}{\sqrt{32\pi a^3}} \frac{r}{a} e^{-\frac{r}{2a}} \cos\vartheta$$

$$\langle 2s|z|2s\rangle = \langle 2p_0|z|2p_0\rangle = 0$$

$$(12) \begin{cases} \langle 2s|z|2p_0\rangle = \frac{1}{32\pi a^3}\int_0^\infty\int_0^\pi \left(2-\frac{r}{a}\right)\frac{r}{a} e^{-\frac{r}{a}} r\cos^2\vartheta \, 2\pi r^2 dr \, \sin\vartheta \, d\vartheta \\[2mm] = \frac{1}{16 a^3}\underbrace{\int_0^\infty\left(2-\frac{r}{a}\right)\frac{r}{a} r^3 e^{-\frac{r}{a}} dr}_{-72\,a^4} \underbrace{\int_0^\pi \cos^2\vartheta \sin\vartheta \, d\vartheta}_{2/3} = -3a \end{cases}$$

Perturb matrix

$$(13) \begin{cases} eF \begin{vmatrix} 0 & -3a \\ -3a & 0 \end{vmatrix} \quad \text{has e.v.'s} \quad \pm 3eFa \end{cases}$$

Therefore in ~~first approx~~

$$(14) \begin{cases} & \text{Energy level} & \text{E.f of zero approx.} \\ & \text{to first approx.} & \\[2mm] & -\dfrac{me^4}{2\hbar^2}\dfrac{1}{4} & \psi_{2p_1} \\[3mm] & -\dfrac{me^4}{2\hbar^2}\dfrac{1}{4} & \psi_{2p_{-1}} \\[3mm] & -\dfrac{me^4}{2\hbar^2}\dfrac{1}{4} + 3eFa & \dfrac{1}{\sqrt{2}}\left(\psi_{2s} + \psi_{2p_0}\right) \\[3mm] & -\dfrac{me^4}{2\hbar^2}\dfrac{1}{4} - 3eFa & \dfrac{1}{\sqrt{2}}\left(\psi_{2s} - \psi_{2p_0}\right) \end{cases}$$

Anhang III
Der Maxwellsche Dämon:
Physikalische Entropie und
Informations-Entropie

In diesem Anhang wollen wir uns mit der Äquivalenz von physikalischer Entropie und Informations-Entropie beschäftigen und die physikalische Bedeutung dieser Äquivalenz (nach Brillouin) erläutern.

Als Beispiel betrachten wir die Ordnungs-Unordnungs-Transformation der Zweistofflegierung CuZn (Abschnitt 4.2). Das Ausmaß an Ordnung hängt in dieser Legierung von zwei konkurrierenden Faktoren ab:

(1) von der Differenz zwischen der Wechselwirkungsenergie bei Atomen verschiedener Art und der Wechselwirkungsenergie bei Atomen gleicher Art;
(2) vom Produkt der Boltzmann-Konstanten und der Gleichgewichtstemperatur $k_B T$ der Legierung.

Bei Temperaturen etwas oberhalb der kritischen Temperatur T_c können wir den ersten der beiden Faktoren vernachlässigen, d. h. der zweite Faktor, Urheber von Unordnung, ist der vorherrschende. Mit folgendem Modell kann man die Bildung der mikroskopischen Anordnungen (Konfiguration) der Atome in der Legierung beschreiben:

Wir geben $N/2$ Zinkatome und $N/2$ Kupferatome (insgesamt also N Atome) in eine Urne und greifen hintereinander wie bei einer Tombola Atome aus der Urne heraus. Im Verlauf ihrer Ziehung werden dann die Atome nach und nach auf die Positionen im Kristallgitter verteilt. Der Verteilungsmodus kann sich z. B. an einer Einteilung der möglichen Positionen für die Atome orientieren, wobei diese Einteilung von vornherein so festgelegt ist, daß Schritt für Schritt alle Gitterpunkte besetzt werden. Fürs erste kann die

Anzahl der verschiedenen Konfigurationen (Anordnungsmuster), die a priori durch N Ziehungen realisierbar sind, auf folgende Weise berechnet werden: Die erste Ziehung kann N Resultate bringen, die zweite $N-1$ usf. bis zur letzten Ziehung, die das dem letzten im Gefäß verbliebenen Atom entsprechende Resultat bringt. Wir hätten daher $N \cdot (N-1) \cdot \ldots \cdot 3 \cdot 2 \cdot 1 \equiv N!$ Konfigurationen, die a priori realisierbar sind.

Da man aber zwischen gleichartigen Atomen keine Unterscheidung macht, sind in Wirklichkeit alle aus einer anfangs gegebenen Konfiguration durch Permutation, d. h. Durchmischung, der gleichartigen Atome hervorgehenden Gruppierungen äquivalent. Die Zahl der möglichen Permutationen der $N/2$ Kupferatome und der $N/2$ Zinkatome ist gleich $[(N/2)!]^2$, so daß die Anzahl der unterscheidbaren Konfigurationen

$$g = N! / [(N/2)!]^2$$

wird. Diese Zahl g wird – wie man sich anhand von Bild 32 vorstellen kann – mit dem Anwachsen von N schnell enorm groß.

Man kann sich jetzt fragen, um welchen Betrag die eben errechnete Zahl g von jener abweicht, die wir mittels des folgenden einfacheren Vorgehens erhalten:

Wir geben in die Urne eine gleiche Anzahl von Zink- und Kupferatomen, insgeamt sehr viel mehr als N; wir führen wie vorher eine Reihe von Ziehungen durch und bringen die Atome an die Gitterpunkte. Das Resultat der ersten Ziehung entspricht einer binären Wahl zwischen zwei Möglichkeiten – Kupfer oder Zink. Bei jeder weiteren Ziehung sind die möglichen Resultate nach wie vor jedesmal zwei. Die Anzahl m der unterscheidbaren Konfigurationen, die mittels dieses Verfahrens in einer Folge von N binären Schritten erhältlich sind, wird demnach

$$m = 2^N.$$

Wie in Bild 32 gezeigt, sind g und m dadurch miteinander verknüpft, daß g im Pascalschen Dreieck das Maximum der binomi-

Bild 32 Mögliche Konfigurationen (Anordnungen) von Kupfer- und Zinkatomen in der kubischen Struktur der CuZn-Legierung

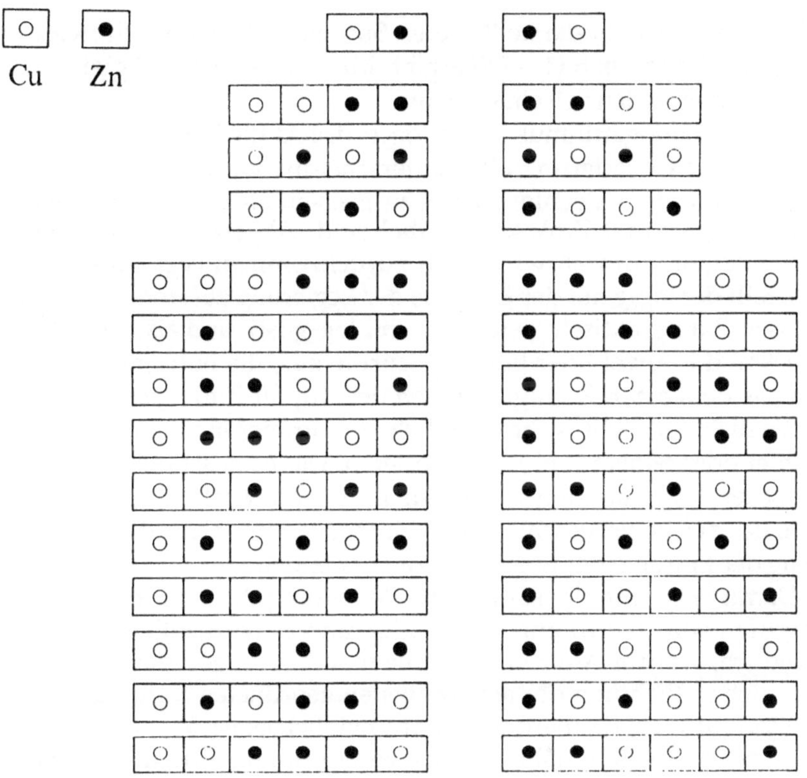

N	$m = 2^N$	g	$\log_2 m$	$\log_2 g$
0	1	1	0	0
1	2	1 1	1	
2	4	1 2 1	2	1
3	8	1 3 3 1	3	
4	16	1 4 6 4 1	4	2,58
5	32	1 5 10 10 5 1		
6	64	1 6 15 20 15 6 1	6	4,32
8	256	70	8	6,13
10	1024	252	10	7,98
10^2	$1{,}27 \cdot 10^{30}$	$1{,}01 \cdot 10^{29}$	10^2	96,3
10^3	$1{,}07 \cdot 10^{301}$	$2{,}70 \cdot 10^{299}$	10^3	994,7
10^4	$1{,}995 \cdot 10^{3010}$	$1{,}552 \cdot 10^{3008}$	10^4	9993,03

schen Koeffizienten darstellt, deren Summe sich aus der Entwicklung des Binoms $m = (1 + 1)^N$ ergibt. Mit wachsendem N gleichen sich g und m tendenziell einander an.

Der Zweierlogarithmus von g, $\log_2 g$, drückt die Zahl der binären Schritte zur Generierung aller unterscheidbaren Konfigurationen aus, die mit dem stöchiometrischen Eins-zu-eins-Verhältnis zwischen Kupfer und Zink kompatibel sind. Abgesehen von einem Zahlenfaktor, auf den wir gleich zurückkommen (vgl. Abschnitt 4.2), fällt der $\log_2 g$ mit der Entropie der Legierung zusammen. $\log_2 m$ (dessen Zahl praktisch gleich der von $\log_2 g$ ist), und also N selbst, drücken die Anzahl der binären Schritte aus, die notwendig sind, um alle denkbaren Konfigurationen des Kupfer-Zink-Systems (einschließlich der nicht wahrscheinlichen Gruppierungen aus reinem Kupfer oder reinem Zink) zu generieren. Die Angleichungstendenz zwischen $\log_2 g$ und $\log_2 m$ bei Zunahme von N erlaubt es, $\log_2 m$, d. h. das zweite vorgeschlagene Ziehungsverfahren, für die Berechnung der Entropie der Legierung zu verwenden.

Damit wird nun die statistische Bedeutung der Entropie in den Begriffen von Unordnung augenfällig, und es wird außerdem verständlich, warum Atom- oder Molekülanhäufungen danach streben, sich in Richtung der am wenigsten geordneten Konfiguration zu strukturieren, da diese die wahrscheinlichste ist. Wenn nämlich die Ursache für die Stabilisierung von Ordnung (wie in unserem Beispiel die Differenz der Wechselwirkungsenergie zwischen verschiedenen und gleichen Atomen) tatsächlich unerheblich ist, kann man praktisch sicher sein, daß sich z. B. keine reinen Kupfer- oder Zinkkristallite innerhalb der Legierung absondern. Es erinnert ein wenig an das Roulettespiel, bei dem man geordnete Schwarz- oder Rotserien oder anscheinend systematisch alternierende Rot-Schwarz-Abfolgen beobachten kann, wobei aber praktisch auszuschließen ist, daß sich diese Sequenzen über hunderte von Spielrunden hinziehen.

Aber – wie wir schon betont haben – im Unterschied zum Roulette, wo die roten und schwarzen Zahlen ohne gegenseitigen Bezug auftreten, ergibt es sich, daß sich die Kupfer- und Zinkatome in benachbarten Gitterpunkten mehr anziehen als die gleichnamigen Atome untereinander. Was hinsichtlich der Anzahl der möglichen Kombinationen von g und m gesagt wurde, gilt streng genommen nur in Temperaturbereichen höher als die kritische Temperatur T_c (Curie-Temperatur) und daher dort, wo die thermische Energie $k_B T_c$, welche die Unordnung hervorrufenden stochastischen Diffusionsprozesse ermöglicht, erfolgreich mit der Ordnung erzeugenden Wechselwirkungsenergie zwischen den Atomen konkurriert. Daraus folgt, daß man praktisch sicher sein kann, keine geordnete Legierung bei einer Gleichgewichtstemperatur oberhalb von T_c realisieren zu können. Umgekehrt, wenn sich ein CuZn-Kristall so langsam abkühlt, daß die Atome Zeit haben, sich zu vermischen und sich in jene Gitterpositionen zu begeben, die ihnen kraft der erwähnten Differenz der Wechselwirkungsenergien (zwischen gleichartigen und verschiedenen Atomen) zustehen, dann erhält man schließlich eine geordnete Struktur.

Um die Beziehung zu erläutern, die zwischen Entropie und Unordnung besteht, wollen wir jetzt im thermodynamischen Rahmen die statistischen Aspekte systematisieren, die wir im Zusammenhang mit dem Grad der Ordnung (bzw. der Information) in der Legierung behandelt haben.

Schon im Abschnitt 2.4 haben wir vorweggenommen: Physikalische Entropie und Informations-Entropie sind gleichwertig. Dem Erwerb eines Informations-bits bezüglich einer Struktur entspricht eine Entropieveränderung nicht niedriger als

$$k_B \ln 2 = 0{,}96 \cdot 10^{-23} \, \mathrm{J\,K^{-1}}.$$

Die Zuführung von Wärme Q an die Probe einer geordneten Legierung mit einer Anfangstemperatur T_0 weit unterhalb der kritischen Temperatur T_c führt zum Temperaturanstieg in der Legierungsprobe. Dieser Temperaturanstieg geht einher mit einer Erhöhung der Amplitude der thermischen Bewegungen der Atome im Umkreis ihrer „vorgeschriebenen" Positionen in der Kristallstruktur und wird begleitet vom Durchmischungsvorgang zwischen Kupfer- und Zinkatomen.

Mit anderen Worten, die Zuführung einer Wärmemenge Q bei der Temperatur T erzeugt einen Zuwachs an Unordnung oder Entropie ($\Delta S = Q/T$): teilweise handelt es sich um eine größere *Vibrationsunordnung* bezüglich der thermischen Bewegung der Atome, teilweise um eine Strukturunordnung in der Anordnung der Atome (*Konfigurationsunordnung*). Mittels kalorimetrischer Messungen ist es möglich, die beiden Komponenten ΔS_v (Vibration) und ΔS_c (Konfiguration), die zur Gesamtunordnung beitragen, zu trennen. (Das Ausmaß dieser Beiträge ist proportional dem prozentualen Temperaturanstieg $\Delta T/T$ und den spezifischen Wärmen bezüglich Vibration C_v (T) bzw. Konfiguration C_c (T).

Wenn wir z. B. die Daten heranziehen, die Moser 1936 aus Versuchen zur spezifischen Wärme der CuZn-Legierung bei verschiedenen Temperaturen gewonnen hat (Bild 33), dann läßt sich für den Anstieg von Konfigurations-Entropie der Legierung im Übergang von der geordneten Phase bei niedriger Temperatur zur ungeordneten Phase unmittelbar unterhalb der Schmelztemperatur ein Wert von 4,9 J K^{-1} mol^{-1} feststellen.

Diesen Zahlenwert vergleichen wir mit der Konfigurations-Entropie $S_c^{(i)}(T)$ eines ideal ungeordneten Legierungsmols, d. h. einer Legierungsprobe, deren Masse in Gramm ausgedrückt genau gleich dem mittleren Atomgewicht der Atome von Cu und Zn sei. Die Zahl der in einer derartigen Probe enthaltenen Gitterpunkte ist gleich der Avogadroschen Zahl $N = 6{,}02 \cdot 10^{23}$ mol^{-1}.

Dessen Konfigurations-Entropie kann in der Form

$$S_c^{(i)}(T) = k_B \ln W$$

geschrieben werden, wobei $W = 2^N$ die Zahl der Konfigurationen ist, die im ideal ungeordneten makroskopischen Zustand der Legierung vorkommen. Da $\ln W \equiv \ln 2 \cdot \log_2 W$, $\ln 2 = 0{,}699$ und $\log_2 2^N = N$, erhalten wir

$$S_c^{(i)}(T) = 5{,}76 \text{ JK}^{-1}\text{ mol}^{-1}$$

Bild 33 Verlauf der auf die Temperatur bezogenen spezifischen Konfigurationswärme im Bereich der kritischen Temperatur des Übergangs Ordnung – Unordnung einer CuZn-Legierung (Moser, 1936). Die spezifische Wärme, d. h. die Wärmemenge, die auf ein Mol der Legierung übertragen werden muß, um ihre Temperatur um ein Grad zu erhöhen, besteht aus zwei Teilen: aus der spezifischen Vibrations- und der spezifischen Konfigurationswärme. Die spezifische Vibrationswärme C_v (T) steigt langsam und monoton mit der Temperatur: Die Atome verwenden die Vibrationswärme zur Amplitudenvergrößerung der eigenen thermischen Bewegung im Umkreis ihrer Gitterpositionen im Kristall. Die spezifische Konfigurationswärme C_c (T)

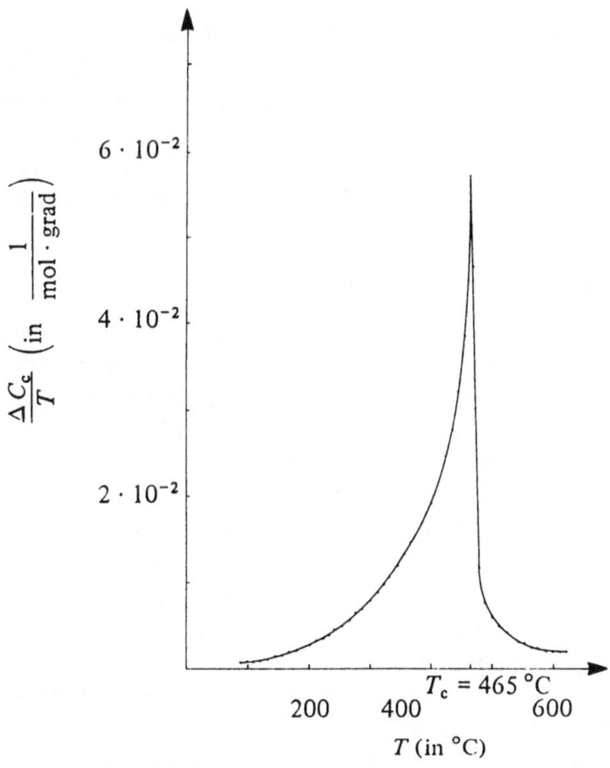

weist beim Variieren der Temperatur im Temperaturbereich T_c der Transformation Ordnung – Unordnung ein Maximum auf: Die Atome, bei niedriger Temperatur regelmäßig auf ihre Gitterpositionen verteilt (Bild 19a), benützen C_c (T) dazu, sich wieder miteinander zu vermischen (Bild 19b). Die spezifische Konfigurationswärme nimmt so lange zu, bis die Vermischung praktisch vollständig ist, um dann unvermittelt abzusinken, wenn die kritische Temperatur des Übergangs Unordnung – Ordnung überschritten ist. Ausgehend von der spezifischen Konfigurationswärme, die durch die Vermischung bei jeder Temperatur T absorbiert wird, berechnet man die Mischungsentropie $\Delta S_c = C_c\,(T) \cdot \Delta T/T$ für jedes Temperaturintervall ΔT. Alle Entropiezunahmen ΔS_c, die im Bereich von T_c maximal enthalten sind, zusammengerechnet, erhält man für die Konfigurations-Entropie der Transformation Unordnung – Ordnung den Wert 4,9 J K^{-1} mol^{-1}.

In diesem Buch wird dieser Wert als Informations-Entropie einer Zahl von Binärschritten (*bit*: Kupfer oder Zink), die gleich der Zahl der Gitterpositionen ist, interpretiert. Diese Zahl ist für ein Mol der Legierung gleich der Avogadroschen Zahl. Mit anderen Worten, die 4,9 J K^{-1} mol^{-1} stellen die Ungewißheit dar, die in der anfänglich geordneten Legierung mittels eines Entropieerwerbs von 1bit pro Gitterposition hervorgerufen wurde.

Dies ist die Entropie von N unabhängigen binären Schritten, wenn man jedem binären Schritt (bit) einen Entropiegehalt gleich dem Produkt der Boltzmann-Konstanten $k_B = 1{,}38 \cdot 10^{-23}$ J K^{-1} und dem natürlichen Logarithmus von zwei, $\ln 2 = 0{,}699$, zuordnet. Es gilt daher unter diesem Gesichtspunkt folgende Äquivalenzrelation zwischen physikalischer Entropie und Ungewißheit oder Informations-Entropie (L. Brillouin):

1 Informations-bit $= k_B \ln 2 = 0{,}96 \cdot 10^{-23}$ J K^{-1}

Der kleine Unterschied (in der Größenordnung von 15 %) zwischen dem experimentell gefunden Wert 4,9 J K^{-1} mol^{-1} und dem für die Konfigurations-Entropie einer ungeordneten Zweistofflegierung berechneten Idealwert ist teilweise der Ungewißheit zuzuschreiben, die sich aus der Schwierigkeit ergibt, den jeweiligen Vibrations- bzw. Konfigurationsbeitrag zur spezifischen Wärme in den von Moser gewonnen Daten zu unterscheiden. Zum anderen Teil leitet sich genannter Unterschied daher, daß der experimentelle Wert 4,9 J K^{-1} mol^{-1} sich auf eine Legierung bezieht, in der – trotz Temperaturen oberhalb der kritischen Temperatur T_c – in Wirklichkeit eine Nahordnung bestehen bleibt.

Letztlich ist es so, daß beim Übergang von einer Temperatur T weit unterhalb T_c zu einer Temperatur oberhalb T_c die thermische Energie (als Urheber der Konfigurationsunordnung) die Überhand über die ordnungsstiftende Wechselwirkungsenergie zwischen den Atomen gewinnt. Gleichzeitig mit dem Temperaturanstieg wird auch die Entropie größer. Mit ihr erhöht sich die Zahl der möglichen binären Schritte zur Realisierung des allgemeinen makroskopischen Musters der Legierung. Diese Zahl wird solange größer, bis sie im Idealfall mit der Gesamtzahl N der vorhandenen Atome zusammenfällt: In der vollständig ungeordneten Legierung entspricht jeder Gitterposition eine binäre Wahlmöglichkeit. Überdies nimmt die Zahl der Entscheidungsschritte – und mit ihr die Konfigurationsunordnung – im Gleichgewichtszustand bei gegebener Temperatur den Maximalwert an, der verträglich ist mit der Tendenz der potentiellen Energie, den Minimalwert zu erreichen.

Die bisherigen Überlegungen können auf alle chemisch-physikalischen Systeme ausgedehnt werden. So ließe sich etwa im Fall eines geordneten Festkörpers, der infolge der Zuführung von

Wärme L (latenter Schmelzwärme, Schmelzenthalpie) bei der Schmelztemperatur T_f schmilzt, behaupten, daß der Entropieanstieg L/T_f, der diesen Phasenübergang (der ersten Ordnung) begleitet, eine Entscheidungsungewißheit bezüglich $L/(T_f\, k_B\, \ln 2)$ binärer Schritte mit sich bringt.

Das bisher Gesagte ermöglicht es schließlich, eine Äquivalenzbeziehung festzulegen zwischen Informations-Entropie, berechnet auf der Grundlage einer kombinatorischen Analyse der möglichen Zahl von binären Entscheidungen einerseits und physikalischer Entropie andererseits, gemessen am Verhalten der spezifischen Wärme der Kupfer-Zink-Legierung als Funktion der Temperatur. Im Hinblick auf die Wichtigkeit dieses Punktes wollen wir im verbleibenden Teil des Anhangs zeigen, wie Brillouin mittels einer kritischen Analyse des Meßvorgangs (bzw. des Informationserwerbs oder der Beseitigung der Entropie) die physikalischen Grundlagen dieser Äquivalenz klärte und gleichzeitig das aufregendste Rätsel unter den Paradoxa zur Umgehung des Zweiten Hauptsatzes der Thermodynamik auflöste: das Maxwellsche Paradoxon, das wir im folgenden erläutern wollen.

Es handelt sich um ein isoliertes System, bestehend aus einem „Dämon" und zwei mit Gas (z. B. Helium) gefüllten Gefäßen, die durch eine Art Schleuse miteinander verbunden sind (Bild 34a). Ohne Energie aufzuwenden, betätigt der Dämon die Schleuse jedesmal, wenn ein überdurchschnittlich rasches Atom aus dem Gefäß A unterwegs in Richtung des Gefäßes B auf die „Schleusentür" trifft. So arbeitend gelingt es dem Dämon, alle schnelleren, mit überdurchschnittlicher kinetischer Energie versehenen Atome im Gefäß B zu sammeln, während alle langsameren und mit unterdurchschnittlicher kinetischer Energie ausgestatteten Atome in A verbleiben (vgl. auch Bild 35). Maxwell, der (mit Boltzmann) unter anderem die kinetische Theorie der Gase entwickelt hatte, wußte sehr genau, daß die Temperatur T eines Gases die mittlere kinetische Energie $\bar{E}$ der Moleküle oder – wie in unserem Beispiel – der Atome mißt, aus denen sich das Gas zusammensetzt. Die durch das Prinzip der Gleichverteilung der Energie ausgedrückte Relation

$$\bar{E} = \frac{1}{2}\, k_B T$$

war ihm folglich bekannt.

Dem Dämon, der innerhalb des Systems arbeitet, dessen mit einer mittleren kinetischen Energie $\bar{E}$ versehene Atome sich zu Beginn bei der Temperatur T im thermischen Gleichgewicht befanden, gelingt es also, die Atome mit einer Energie höher als $\bar{E}$ in

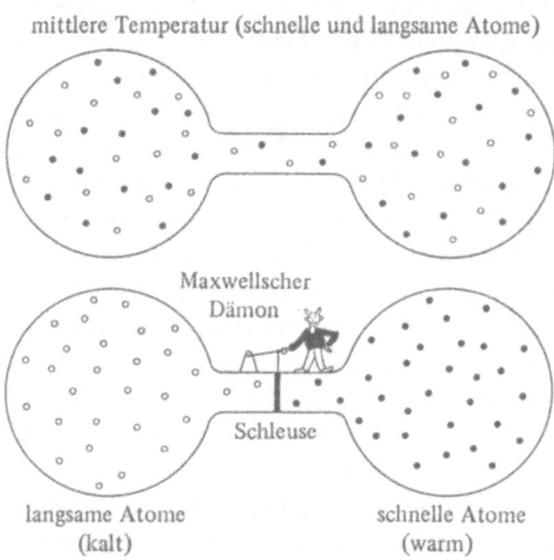

Bild 34 In seiner Wärmetheorie schrieb James C. Maxwell (1871) folgendes: „Eine der am häufigsten bestätigten Tatsachen in der Thermodynamik ist die Unmöglichkeit für ein System, das gegenüber Volumenänderungen und Wärmedurchgängen geschlossen ist und dessen Temperatur und Druck überall gleich sind, irgendeinen Temperatur- oder Druckunterschied ohne Energieaufwand zu produzieren. Dies ist der Zweite Hauptsatz der Thermodynamik, und er ist zweifellos wahr, solange wir mit den Körpern im makroskopischen Maßstab umgehen, aber nicht die einzelnen Moleküle, aus denen diese Körper bestehen, wahrnehmen und handhaben können. Ein Wesen, das jedem Molekül zu folgen imstande wäre, ein Wesen, dessen Fähigkeiten im Prinzip endlich wären wie die unseren, könnte das tun, wozu wir nicht fähig sind. Wir haben gesehen, daß sich die Moleküle in einem luftgefüllten Behälter bei gleichförmiger Temperatur mit einer keineswegs gleichförmigen Geschwindigkeit bewegen, wenn auch die Durchschnittsgeschwindigkeit jeder großen Untergruppe fast genau gleich ist. Nehmen wir an, dieser Behälter sei in zwei Abschnitte A und B geteilt, die durch eine Wand mit einem kleinen Loch getrennt sind, und daß ein Wesen, das in der Lage ist, die einzelnen Moleküle zu sehen, die Öffnung derart öffnet und schließt, daß nur die schnellen Moleküle von A nach B, und nur die langsamen von B nach A gelangen. Das Wesen würde so ohne Aufwand von Arbeit die Temperatur in B erhöhen und diejenige in A erniedrigen, was im Widerspruch zum Zweiten Hauptsatz der Thermodynamik stünde." Darin besteht das berühmte Max-

Bild 35 Anneliese Gripp, Der Maxwellsche Dämon bei der Arbeit

wellsche Paradoxon. In Wirklichkeit „kann man nicht etwas für nichts bekommen, nicht einmal eine Beobachtung": sich zu informieren, hat seinen Preis. Und wenn man auch aus der Information, die man durch die Neuordnung der Gasatome auf der Basis ihres Energiegehalts erworben hat, Nutzen zieht, so ist doch die für den Informationserwerb erforderliche Energie größer als die Arbeit, die man aus dem derart neustrukturierten System gewinnen kann. Außerdem produziert der Dämon, um Information über die Energie der Moleküle zu erhalten, im System, zu dem er selbst gehört, eine Ungewißheit, die größer ist als jene, die er zum Zweck des Informationserwerbs beseitigt hat. Anders gesagt, die Information erzeugt einen Grad an Desinformation, der höher ist als der entsprechende Grad der beseitigten Ungewißheit (aus A. Lehninger, Bioenergetics, W. A. Benjamin, Inc., Menlo Park 1971) einem Gefäß zu konzentrieren, dessen Temperatur auf $T_1 > T$ ansteigt, während er die Atome mit einer Energie niedriger als $\bar{E}$ im anderen Gefäß versammelt, dessen Temperatur dann $T_2 < T$ beträgt (Bild 34b). Der Dämon führt demnach eine Transformation durch, deren einziges Resultat darin besteht, aus einer einzigen Wärmequelle mit Anfangstemperatur T zwei Wärmequellen mit unterschiedlichen Temperaturen T_1 und T_2 entstehen zu lassen: ein Geschenk des Himmels für die Elektrizitätsgesellschaften, die sich beeilen würden, an diesen vom unermüdlichen Dämon auf zwei verschiedenen Temperaturen gehaltenen Wärmequellen eine thermische Maschine zur Erzeugung von elektrischer Energie bzw. Arbeit zu errichten. Das Ergebnis wäre die Realisierung und kostenlose Ausnutzung einer Transformation, durch die die aus nur einer Anfangstemperatur erhaltene thermische Energie in Arbeit umgewandelt würde. Ein Ergebnis, das völlig im Gegensatz zum Zweiten Hauptsatz der Thermodynamik steht, ein ganz und gar „dämonisches" Ergebnis. Wo steckt nun aber der Wurm in diesem Gedankenexperiment?

Jedenfalls nicht in der Annahme, daß die Schleuse ohne Energieaufwand betätigt werden könnte: An eine idealisierte, im Grenzfall ohne Reibungswiderstand existierende Welt, in der die Zeit richtungslos ist (eine verräumlichte Zeit, reduziert auf die Rolle eines Parameters der Bewegung, kristallisiert als Abfolge von einander gleichwertigen Augenblicksmomenten) – an eine solche Welt konnte schon Galilei jene gewöhnen, die sich, was die Nutzung der Zeit betrifft, von Seneca[7] inspirieren lassen: Die Wirklichkeit von

---

7 Aus L. A. Seneca, Briefe an Lucilius, Buch 1, Brief 1: Tue also, lieber Lucilius, wie du mir schriebst; nütze alle Zeit, die du hast. Du wirst weniger der Sklave von morgen sein, wenn du dich als Herr von heute erwiesen haben wirst. Während wir unsere Verpflichtungen hinausschieben, vergeht die Zeit. Alles, o Lucilius, hängt von den anderen ab: Nur die Zeit gehört uns. Wir haben von der Natur dieses einzige, vergängliche Gut bekommen, aber wir lassen es uns vom Erstbesten wegnehmen. Und der Mensch ist so einfältig, daß er, wenn er Güter ohne jeglichen Wert und jedenfalls ersetzbare erwirbt, auch erlaubt, daß sie ihm auf die Rechnung gesetzt werden; aber niemand, der den anderen Zeit gestohlen hat, denkt daran, er stehe für irgendetwas in Schuld, während es doch gerade dieses einzige Gut ist, das der Mensch nicht, auch mit dem besten Willen nicht, ersetzen kann.

Elementen zu reinigen, die für eine bestimmte Zeitspanne als nebensächlich und unwesentlich gelten, stellt eine methodologische Voraussetzung für jede physikalische Untersuchung der natürlichen Systeme dar. Der wunde Punkt des Maxwellschen Gedankenexperiment liegt eher woanders.

Um die notwendige Information zu erhalten – und das heißt: um die schnellen von den langsamen Atomen zu unterscheiden –, muß der Dämon in der Lage sein, sie beobachten zu können. Er muß die Atome also, quasi mit einer Fackel ausgerüstet, anleuchten und die von ihnen ausgesandte und in sein Auge dringende Strahlung analysieren. Eine solche Strahlung muß, damit sie im thermischen Bad der Temperatur T wahrgenommen werden kann, aus Photonen mit einer Energie $h\nu$, die größer als $k_B T$ ist, bestehen. Mit jedem absorbierten Photon steigt die Entropie des Dämons um den Betrag ΔS_D, vergleichbar mit der Boltzmann-Konstanten:

$$\Delta S_D = h\nu / T > k_B.$$

Der Dämon macht sich unverzüglich den Entropieanstieg ΔS_D in seinem Auge zunutze, indem er einen Teil davon in Information über den Rest des isolierten Systems, dem er angehört, umwandelt. Die derart erworbene Information erlaubt ihm, die Atome des Gases nach ihrem Energiegehalt in die beiden Gefäße zu sortieren. Diese Neuordnung impliziert eine Verringerung der physikalischen Entropie des Gases um ΔS_g. Dieser Verringerung als Resultat des Erwerbs von einem Informations-bit durch den Dämon (die Energie des Atoms ist größer oder kleiner als $k_B T$) entspricht nun $\Delta S_g \approx -k_B \ln 2$. Mit der Beziehung

$$\Delta S_D + \Delta S_g > 0$$

findet sich so eine Konsequenz des Zweiten Hauptsatzes der Thermodynamik wieder; und gleichzeitig haben wir den Maxwellschen Dämon exorziert.

Es stimmt zwar tatsächlich, daß der Dämon mit dem Gas in den zwei Gefäßen Arbeit produziert, indem er die physikalische Entropie des Restes des isolierten Systems, dem er angehört, reduziert. Aber es stimmt auch, daß die Kosten, die der Dämon zahlen muß, um die für seine Arbeitsleistung erforderliche Information zu erwerben, überaus drückend sind: Auch wenn man von eventueller

Verschwendung absieht, muß der Dämon für den Erwerb eines Informations-bit und die Reduzierung der Informations-Entropie im Gehirn um k_B ln2 eine physikalische Entropie von sicherlich nicht weniger als k_B ln2 durch das Auge aufnehmen: Der Informationserwerb bzw. die Beseitigung der Ungewißheit oder der Informations-Entropie in einem Teil eines isolierten Systems ist nur möglich, wenn sich unmittelbar darauf die physikalische Entropie des gesamten Systems erhöht, global gesehen um einen Wert, der nicht niedriger liegt als jener der punktuellen Verringerung der Informations-Entropie. Andererseits, was den energetischen Aspekt betrifft, gilt, daß jedes vom Dämon im wärmeren Gefäß gefangene Atom einen Beitrag der Größenordnung $k_B T$ ln2 zu jener Arbeit leisten kann, die von einer thermischen Maschine produziert wird, die die beiden Gefäße als Wärmequellen nutzt. Aber es ist auch wahr, daß die Energiekosten, die der Dämon für den Erwerb der für die Produktion von Arbeit erforderlichen Informationen aufbringen muß, nicht niedriger als $k_B T$ ln2, also als der Betrag der produzierten Arbeit, sind.

Das Maxwellsche Paradoxon entkräftet also nicht den Zweiten Hauptsatz der Thermodynamik. Aber wir müssen eine wesentliche Äquivalenz zwischen physikalischer Entropie und Informations-Entropie zulassen. Die Beseitigung von Ungewißheit, d. h. von Informations-Entropie, hat ihren Preis: An der thermodynamischen Grenze sind für den Erhalt eines Informations-bit k_B ln2 $\cong 0{,}96 \cdot 10^{-23}$ J K^{-1} (ausgedrückt als Entropiewert) erforderlich, während – ausgedrückt als Energiewert – bei Zimmertemperatur $k_B T$ ln2 $\approx 10^{-27}$ kWh notwendig sind.

Und der Dämon? Brillouin hat ihn ausgetrieben, aber wir wollen ihn nicht „wegwerfen": Zwar im Hinblick auf seine tatsächlichen Fähigkeiten ein wenig „zurechtgestutzt", aber unbeugsam wie in seinem sinnlosen Eifer, ist er durchaus nicht so schrecklich, wie man ihn an die Wand malt. Auch wir brauchen wie er eine Fackel, d. h. eine Entropie- und Energiequelle, um so durch Information Ordnung – vor allem die genetische – herstellen und erhalten zu können.

Ob wir mit der Kernenergie oder mit dem Erdöl leben, oder ob es unserer immer komplexeren Welt tatsächlich gelingt, wieder „mit der Sonne zu leben" – die älteste unter den Energiequellen ist von ihrem Ursprung und Wesen her letztlich immer ein von außen wirkender Energiespender. Mit der Umwandlung eines Teils der aus der Energiequelle erhaltenen Entropie in Information verbessert der Dämon – und mit ihm die lebenden Organismen – durch Herstellung von Ordnung die Qualität der Energie: Im „Mühlrad des Lebens" können wir eine Maschine erkennen,

„... eine in ihrer Nichtigkeit einzigartige Maschine, die mit einer zur Absurdität ihrer Funktion in merkwürdigem Mißverhältnis stehenden Ernsthaftigkeit, mit Sorgfalt und Einsatzbereitschaft sämtliche aus einer Energiequelle erhaltene Energie vergeudet; sie verausgabt alle ihre Arbeit, um sich selbst zu ernähren und zu erhalten, so daß nichts übrigbleibt, was für andere vorstellbare Zwecke zur Verfügung stünde. Aber sie vollbringt etwas sehr Wichtiges: Sie verbessert sich selbst, so könnten wir sagen, wenn man damit jene fortschreitenden Veränderungen im Aufbau und in der Zusammensetzung des Systems beschreibt, die dessen Evolution ausmachen." (Lotka, 1956)

Anhang IV
Symmetrie und Symmetriebrechung
in der Ästhetik der Markenzeichen

In sämtlichen Industrieländern kommt nur ein bescheidener Bruchteil des Energieverbrauchs der Sicherung des Lebensunterhalts der Bevölkerung zu. Tatsächlich ist fast die ganze verfügbare Energie für die Herstellung und Nutzung der Industrieprodukte und für die Organisation und das Management der Dienstleistungen bestimmt. Und die pro Zeiteinheit in das sozioökonomische System eingeführte Energie steigt zum „Kontrollparameter" eben dieses Systems auf.

Dank der Energie tendiert das Ensemble von Produkten und Dienstleistungen zu rapider Expansion. Die Energie entwickelt sich zu einer Quelle von sich anbietenden Möglichkeiten, während unsere menschliche Existenz durch Reize und Bedeutungen bereichert wird. In einer Welt, die immer komplexer und verwirrender erscheint, verschaffen sich die von außen herangetragenen Entscheidungszwänge und die innere Notwendigkeit, Ungewißheit zu beseitigen bzw. Information zu produzieren, immer größeren Nachdruck und bringen so die Konsum- und die Informationsgesellschaft hervor.

Die sprunghafte Vermehrung neuer Produkte und neuer Dienstleistungen und die Notwendigkeit, einen nunmehr unerläßlich erscheinenden Überfluß zu verwalten, führen zu einer Bereicherung der Sprache und zur Entwicklung von nichtverbalen Kommunikationsformen.

Bis vor wenigen Jahren war die Sprache ein beinahe unveränderliches Bezugssystem: Im Laufe eines menschlichen Lebens kaum wahrnehmbaren Veränderungen unterworfen, ist sie, um mit Hermann Haken zu sprechen, zum „Ordnungsparameter" geworden, der seine Benützer „versklavt". Seit einiger Zeit jedoch scheint sich der Prozeß, durch den die Sprache neue Wörter aufnimmt und veraltete aussortiert, merkbar beschleunigt zu haben. Diese schnelle Sprachentwicklung ruft Verwirrung hervor: Ein Ordnungsparameter – wie jede andere Norm – verändert sich im allgemeinen nicht wesentlich innerhalb des Zeitraums, der notwendig ist, um die seiner Jurisdiktion unterstehenden elementaren Handlungen durchzuführen. Wenn ein Ordnungsparameter wie die Sprache sich in einem relativ zur kulturellen Trägheit des sozialen Systems nicht allzu langen Zeitraum verändert, ist es nur natürlich, daß dies Desorientierung hervorruft.

Es besteht dann die Tendenz, jene psychologische Leere, die die Folge der Überfülle von neuen Wörtern in der Alltagssprache ist, durch neue Bilder auszufüllen, die ihrerseits zu einer Bereicherung der Sprache der bildhaften Kommunikation führen.

In der Folge kommt es zur förmlichen Explosion einer Kultur der Bilder. Dies nicht nur, weil sich Bilder mit den modernenTechniken leicht erzeugen, vervielfältigen und verbreiten lassen, sondern auch weil sie, ohne einer „Übersetzung" zu bedürfen, unmittelbar auf die

Bild 36 Franco Grignani: Symbol für den Molinetto-Tennis- und Golf-Club. Das Zeichen liefert eine bildliche Information, die es – einmal im Gedächtnis fixiert – unverwechselbar macht, unabhängig davon, was es konkret darstellt. Darüber hinaus weckt dieses Zeichen auf dynamische Weise den „Gestus" sowohl des Golf- wie auch des Tennisspielers.

Phantasie des Wahrnehmenden und dessen Empfindungsvermögen einwirken. Sich dem Gedächtnis ohne Schwierigkeit einprägend, neigen die wahrgenommenen Bilder dazu, sich zu gemachten Erfahrungen in Beziehung zu setzen und diese geistig wiederzubeleben. In direktem Zugriff auf die psychologische Sphäre des Betrachters bewirken die Bilder eine plötzliche Neuorientierung der Gedanken, in die der Betroffene auch gefühlsmäßig einbezogen wird (Bild 36).

Von neuen Wörtern und von neuen Bildern ist also die Rede. Neue Wörter in den Bereichen der Forschung, der Entwicklung und der Produktion. Neue Bilder im Bereich des Marketing, insbesondere der Werbung.

In diesen beiden wichtigen Gebieten der Wirtschaftstätigkeit erweisen sich die Bilder effektiver als die Wörter, wenn es darum geht, potentiellen Kunden neue Produkte und neue (Dienst-)Leistungen anzupreisen. Die Alltagssprache und die Bildsprache ergänzen einander und teilen sich so schließlich die Aufgabe als Kontrollparameter.

Unter den Bildern der technologischen Welt nimmt das Markenzeichen eine bevorzugte Stellung ein. Diesem „geheimen Überzeugungskünstler" hat man nämlich eine wesentliche Aufgabe anvertraut: den Verbraucher dahin zu bringen, daß er ein bestimmtes Produkt oder eine bestimmte Dienstleistung gegenüber anderen der Konkurrenz bevorzugt, indem seine Entscheidung zugunsten der vom Markenzeichen symbolisierten Angebote gesteuert wird.

Es ist hier die Frage zu stellen, ob man Kriterien finden kann, mit deren Hilfe man ein Markenzeichen gezielt entwerfen könnte, das die oben erwähnte spezifische Funktion erfüllt.

In der Tat ist das Markenzeichen Ergebnis von Überlegungen, in die psychologische Kenntnisse (Entscheidungsprozesse) und die Kenntnis von Wahrnehmungsmechanismen, von der Kunst der Überzeugung und der Kommunikationswissenschaft, eingehen.

Die Frage, die wir uns gestellt haben, ist daher nicht leicht zu beantworten. Trotzdem wollen wir versuchen, zur Beantwortung beizutragen.

Im voraus müssen wir der Tatsache Rechnung tragen, daß ein Markenzeichen, sofern es wirksam sein soll, so strukturiert sein muß, daß es als auf die Psychologie des Beobachters und potentiellen Kunden abstimmbarer Reiz agieren kann. Dies vorausgesetzt, müssen wir nun die Schnittstelle zwischen der Struktur der Bildnachricht des Markenzeichens und dem für die kritische Phase der Entscheidung typischen Gemütszustand des Betrachters analysieren: Je kohärenter diese Schnittstelle, desto wirkungsvoller das Markenzeichen.

Auf der einen Seite haben wir also das Markenzeichen, mit den strukturellen – und potentiell dynamischen – Eigenschaften des Zeichensystems, das das Markensymbol aufbaut; demgegenüber den Betrachter in seinem beeinflußbaren Gemütszustand, der sich aus einer anfänglichen grundsätzlichen Unsicherheit über eine dynamische Instabilität in Richtung der endgültigen Entscheidung entwickelt.

Damit das Markenzeichen wirksam wird, genügt es nicht, daß es – auch wenn es sich um eine allgemeine Nachricht handelt, die keiner Übersetzung bedarf, um aufgenommen und im Gedächtnis gespeichert zu werden – die besonderen Eigenschaften eines Produkts, einer Dienstleistung oder eines Unternehmens hervorhebt: Das vom Betrachter verinnerlichte Markenzeichen muß mit dessen Gemütszustand – ursprünglich und dynamisch im kritischen Augenblick der Entscheidung – gewissermaßen eins werden.

Der Verbraucher, der sich von der Notwendigkeit gedrängt fühlt, aus dem Zustand der Ungewißheit herauszukommen, prüft die ihm sich bietenden Möglichkeiten in allen ihren Dimensionen und wägt sie ab auf der Suche nach dem gewissen Etwas, das ihm bei der Entscheidung helfen soll. Instinktiv wird er demjenigen Beachtung schenken, der sich beeilt, ihn zu informieren und zu überzeugen. Tendenziell mißtrauisch, ist er sowohl für festgelegte und immer wiederkehrende altbekannte Bezugspunkte empfänglich, die geeignet sind, Vertrauen zu erwecken (Bild 37), als auch für dynamische Elemente, die ihm günstige Perspektiven zu eröffnen in der Lage sind (Bild 38).

Der Verbraucher ist also, kurz gesagt, begierig auf Sicherung, und gleichzeitig sucht er Anregungen. Und er reagiert dankbar auf jeden (möglicherweise graphischen) Reiz, in dem die entscheidenden Aspekte dieses seines widersprüchlichen Bedürfnisses zusammenfließen und ihren Ausdruck finden.

In den Markenzeichen, die Elemente von Symmetrie enthalten, identifiziert er vertrauenerweckende und daher beruhigende Bezüge: Symmetriezentren oder Symmetrieebenen, Rotationsachsen oder regelmäßige Netzwerke, die die Struktur des Markenzeichens umkippen lassen oder sie reflektieren, sie verschieben oder sie rotieren lassen, die Struktur schließlich belassen, wie sie ist, so daß man all diese Vorgänge gar nicht bemerkt. Gleichzeitig aber nimmt er mit Erleichterung und mit Neugier das Vorhandensein von Elementen auf, die die Wiederholbarkeit, die angepaßte Monotonie und die gleichförmige Homogenität des für jede symmetrische Struktur charakteristischen Gleichgewichts zerstören und mit diesem krisenerzeugenden dynamischen Prozeß lebhafte Veränderungen und neue Perspektiven eröffnen (Bild 39).

Abschließend sei noch auf zwei Punkte hingewiesen. Es scheint, erstens, nicht übertrieben, in der durchdachten Dosierung von Symmetrie und Symmetriebrechungen ein grundlegendes Kriterium für das Design eines Markenzeichens zu erkennen, das sich als wir-

Bild 37 Beim „Mercedesstern" ruft die Rotationssymmetrie – gegeben durch die Tatsache, daß jede Drittelumdrehung das Markenzeichen identisch mit sich selbst beläßt – eine gleichförmige Bewegung mit konstanter Winkelgeschwindigkeit hervor. Dies schafft einen vertrauenerweckenden Anhaltspunkt für den Betrachter: keine Überraschungen zu befürchten!

Bild 38 Auch das Markenzeichen von Renault erscheint anfangs symmetrisch. Aber in dem Moment, in dem der Betrachter die Symmetrie dieser Figur dadurch bricht, daß er deren Doppeldeutigkeit bemerkt, tritt ein lebhaftes und dynamisches Element auf, das auf die Eröffnung neuer Perspektiven hinzuweisen scheint.

Bild 39 Das Markenzeichen von Fiat bietet einen vertrauenerweckenden Bezugspunkt mit der gleichförmigen Gliederung der Ebene, die durch die translationssymmetrische Wiederholung der Rhombenelemente entsteht. Gleichzeitig scheint dieses Zeichen mit der Symmetriebrechung – hervorgerufen durch die Buchstaben, die ihrerseits die Rhomben strukturieren – auf gewissermaßen musikalische Weise neue Perspektiven anzukündigen.

Bild 40 Luciano Consigli: Symbol für die Ausstellung „humor graphic". Eine ironische Spitze – in diesem Fall eben die des weißen Pfeils – genügt, um die Symmetrie und die hypnotische Erstarrung, die Mittelmäßigkeit und Eintönigkeit einer stumpfen und uniformen Routine zu brechen: Gegenströmung von beißender Eindringlichkeit.

kungsvoll und unverwechselbar zwischen den Idolen des technologischen Olymp erweisen soll (Bild 40). Zweitens bietet die Analyse der Markenzeichen reiches Reflexionsmaterial, wenn man sich über die Grundlagen der graphischen Sprache Gedanken machen will: eine Sprache, die man besser zu verstehen lernen sollte, spiegelt sie doch Entwicklungen unserer immer komplexer werdenden Gesellschaft wider.

Anhang V
Wechselsymmetrie

„Der vielleicht wesentlichste Unterschied zwischen den Objekten der makroskopischen Welt, also den gewöhnlichen Objekten, und den Objekten der mikroskopischen Welt ist der folgende: In der makroskopischen Welt finden sich niemals zwei gleiche Objekte. Nehmen wir z. B. zwei Eisenstücke (...), gebildet aus Milliarden und Milliarden von Atomen: Damit diese beiden Objekte als nicht mehr identisch zu bezeichnen sind, genügt es, daß eines der Atome in einem der Eisenstücke sich nicht an derselben Stelle befindet wie sein Gegenstück im anderen Eisenstück. In diesem Sinn kann man also die Nicht-Existenz identischer Körper in der makroskopischen Welt als Indiz für eine sehr komplexe Struktur bewerten.

Sehr unterschiedlich verhält es sich unter diesem Gesichtspunkt, wenn wir von den gewöhnlichen Objekten zu den Atomen oder den Molekülen oder, noch weiter, zu deren Bausteinen, den Kernen und Elektronen übergehen. In der Welt des Atoms trifft man nämlich ständig Objekte, die untereinander gleich sind; so kann man zum Beispiel behaupten, daß zwei beliebige Elektronen oder auch zwei beliebige Atome der gleichen Art untereinander gleich sind (...). Die große Präzision, mit der die Identität zweier Elektronen festgestellt werden kann, ist durch die Möglichkeit gegeben, die über einen sehr langen Zeitraum sich akkumulierenden Auswirkungen eines solchen Unterschieds zu beobachten. Wenn zum Beispiel zwischen zwei Elektronen desselben Atoms ein auch nur sehr geringer Unterschied bestünde, dann wäre – betrachtet für einen nur kurzen Zeitraum im Leben des Atoms – auch die Auswirkung dieses Unterschieds sehr gering; aber auf lange Sicht würde er zu einer wesentlichen Veränderung der Struktur und der äußeren Eigenschaften des Atoms führen. Wir können daher die Identität zweier Elektronen, wenn nicht im absoluten Sinne, so doch inner-

Der Begriff der Symmetrie ist verbunden mit der typischen Eigenschaft symmetrischer Strukturen, im Gefolge von Transformationen unverändert zu bleiben. Der Symmetriebegriff ist daher ein Anhaltspunkt beim Studium der Natur.

In den zwanziger Jahren, als die Struktur des Atoms ein „heißes Thema" der physikalischen Forschung war, wurde klar, daß es notwendig war, in den atomaren Strukturen und in den natürlichen Strukturen im allgemeinen neben den Symmetrietransformationen geometrischer Natur eine andere Klasse von Symmetrietransformationen in Betracht zu ziehen, jene nämlich, die im *Austausch* identischer oder ununterscheidbarer Teilchen bestehen.

Wir denken also an die Atome. Rund um den Atomkern kreisen die Elektronen. Nun gibt es aber, wie gesagt, keine Möglichkeit, ein Elektron vom anderen zu unterscheiden. Auch wenn wir sie wie zwei gleiche Billardkugeln zusammenstoßen lassen, können wir niemals sicher sein, daß es nicht im Moment des Zusammenstoßes zu einem Austausch zwischen dem stoßenden und dem gestoßenen Elektron gekommen ist. Der Austausch des Elektrons A mit dem Elektron B oder der umgekehrte Vorgang belassen das System der zwei Elektronen identisch mit sich selbst: Die Elektronen entziehen sich unserem Wunsch, ihnen einen festen Namen zu geben. Der Wechsel A→ B bzw. B → A ist demnach eine ununterscheidbare Transformation, eine Symmetrietransformation.

Andererseits will es die Natur, daß es unmöglich ist, im gleichen physikalischen Zustand oder, wie man zu sagen pflegt, in demselben (sechsdimensionalen) durch die Positionen und Impulse gegebenen Phasenraumelement mehr als zwei Elektronen Platz finden zu lassen. Anders ausgedrückt, wenn sich zwei Elektronen in derselben Position befinden und denselben Impuls haben, ist es *ausgeschlossen*, daß ihre Position und ihr Impuls (innerhalb der durch die Unschärferelation unüberschreitbar abgesteckten Grenzen der Unsicherheit) mit der Position und dem Impuls eines dritten Elektrons übereinstimmen. Dies ist das Paulische Ausschließungsprinzip. Dieses Prinzip läßt sich nur auf die Zustände gewisser, *Fermionen* genannter, identischer Teilchen anwenden: auf Elektronen und andere, ebenso ungesellige Elementarteilchen wie Neutronen, Protonen etc.

Wenigstens nebenbei sei aber bemerkt, daß für eine andere Gruppe identischer Teilchen, *Bosonen* genannt, eine entgegengesetzte Tendenz gilt: Statt sich gegenseitig auszuschließen, neigen die unglaublich geselligen Bosonen dazu, sich alle im gleichen Zustand anzusammeln, wie etwa die monochromatischen Photonen im Laserlicht.

Kehren wir aber zu den Elektronen zurück. Wären die Elektronen unterscheidbar, sie würden sich gegenseitig ignorieren. Für sie hätte das Pauli-Prinzip keine Gültigkeit. Dieses Prinzip stützt sich folglich auf die Wechselsymmetrie, die Symmetrie des Austauschs. – Aber auf das Pauli-Prinzip stützt sich die ganze uns umgebende Welt.

Die faktische Beschaffenheit der Atome beruht darauf, daß sich die Elektronen gemäß dem Pauli-Prinzip rund um den Kern postieren, und gerade die Befolgung dieses Prinzips führt zu den für Struktur und Eigenschaften der Atome charakteristischen Periodizität, die im letzten Jahrhundert von Mendelejev empirisch gefunden wurde und zum Periodensystem der Elemente führte. Die Eigenschaften der unbelebten Natur resultieren aus dem Pauli-Prinzip: die Elektronen, die in der chemischen Bindung als Bindemittel zwischen den Atomen fungieren, formieren sich gemäß dem Pauli-Prinzip paarweise. Der Magnetismus, die Supraleitung und der Quanten-Hall-Effekt (entdeckt vom Nobelpreisträger für Physik 1985, K. von Klitzing) sind makroskopische Offenbarungen des Pauli-Prinzips.

Unsere eigene menschliche Struktur ist mittels des Pauli-Prinzips geformt, in einem Ausmaß, daß man sich fragen könnte, ob die ästhetischen Empfindungen und die Gefühle, die sich bei der Betrachtung identischer (oder jedenfalls fast identischer) Struktureinheiten in den Kunstwerken, in der Natur (Bild 40) und im Design einstellen, nichts anderes seien als der Reflex von Struktur, Dynamik und Logik, die unserem Gehirn, einmal für immer, durch das Pauli-Prinzip und noch davor durch die Wechselsymmetrie eingeprägt worden sind.

Glossar

Dissipative Struktur

Von I. Prigogine eingeführter Ausdruck zur Bezeichnung einer Struktur.
Ein System kann sich selbst organisieren, wenn man es aus dem thermodynamischen Gleichgewicht bringt: In einer solchen Struktur erhält sich eine
dynamische Ordnung auf Kosten einer in entsprechender Menge und Dosierung von außen zugeführten und dann im System selbst dissipativ
„verbrauchten" Energie.

Die Anregung einer geordneten konvektiven Bewegung der Schlieren in
einer Rayleigh-Benard-Zelle zum Beispiel, zwischen deren Flächen ein
Temperaturunterschied ΔT oberhalb einer kritischen Schwelle $(\Delta T)^*$ mittels
einer von unten zugeführten thermischen Energie aufrechterhalten wird,
geht einher mit starken lokalen Temperaturgradienten im Innern der Flüssigkeit. In der Folge erweist sich die durch die Temperaturgradienten ver-
ursachte Dissipation von Energie um einiges höher als jene, die wir diesseits der kritischen Schwelle (also mit ΔT niedriger als $(\Delta T)^*$) antreffen.

Doppeldeutigkeit

Koexistenz zweier Aspekte an einem kritischen Punkt, die bezüglich ihres
gleichzeitigen Vorkommens in ein und derselben Wirklichkeit inkompatibel
sind.

In einer Struktur kann Doppeldeutigkeit nur dann vorkommen, wenn
eine Symmetrie vorhanden ist, die mittels äußerer Einwirkung gebrochen
werden kann (indem man einen Kontrollparameter erhöht).

Betrachten wir z. B. die einander berührenden Würfelelemente in Tafel IV
und stellen wir die Hypothese auf, daß es eine Analogie gäbe zwischen
dem sinnlichen Wahrnehmungsprozeß, der zur dynamischen Wahrnehmung einer doppeldeutigen Struktur führt und dem physikalischen
Prozeß, der zu einem Phasenübergang (2. Ordnung) führt. Solange die

186

Struktur symmetrisch erscheint, gehört die innere Wand zum linken *und* zum rechten Würfel bzw. sie gehört *weder* zum linken *noch* zum rechten Würfel. Aber diese Wand scheint sich im kritischen Moment, in dem die Paritätssymmetrie gebrochen wird, *entweder* nach links *oder* nach rechts zu verlagern. Unmittelbar danach löst sich die Doppeldeutigkeit auf.

Eigenwerte und Bewegungskonstanten

Im Unterschied zur klassischen Mechanik können in der Quantenmechanik die möglichen Resultate bei der Messung einer Observablen eine diskrete Menge definieren, die nicht notwendigerweise kontinuierlich ist (vgl. z. B. Bild 6).

Die genannten Resultate sind die Eigenwerte des Observablenoperators und bilden die Bewegungskonstanten.

Entropie

Aus dem Griechischen ἐντροπή (Evolution). Eine Definition dieser wichtigen Zustandsfunktion eines thermodynamischen Systems findet man zu Beginn des Kapitels 4. In ihrer Eigenschaft als thermodynamische Zustandsfunktion verändert sich die Entropie im allgemeinen, wenn das System eine Transformation von einem Zustand in einen anderen erfährt.

Je niedriger die Entropie eines Systems in einem erzwungenen Gleichgewichtszustand ist, desto größer ist sein Entwicklungspotential zugunsten höherer Entropie oder Unordnung, für den Fall, daß die Zwangsbedingungen beseitigt würden. Die Entropie stellt demnach eine Art Potential für die zukünftige Entwicklung eines Systems dar.

Durchläuft das System eine zyklische Transformation und kehrt es zum Ausgangszustand zurück, dann bleibt seine Entropie unverändert. Ist die Transformation in einem geschlossenen System irreversibel (man denke etwa an eine spontane Entwicklung innerhalb eines Systems), dann erhöht sich die Entropie des Systems. In jedem Falle ist die Entropieänderung innerhalb eines Systems (auch eines nicht abgeschlossenen) nie negativ.

Die Entropie ist ein Maß für die Unordnung oder die Ungewißheit, die in einem System herrscht oder, anders gesagt, ein Maßstab für das Fehlen von Korrelationen zwischen den das System bestimmenden Struktureinheiten. Die Formen der Unordnung, die zur Entropie beitragen können, sind vielfältig: konfigurationsgebunden, thermisch, magnetisch usw.

Impuls und Translation

In der klassischen Mechanik ist der Impuls das Produkt aus der Masse eines Systems und der Geschwindigkeit seines Massenmittelpunkts. In der Quantenmechanik ist der Impuls eine Observable mit zugeordnetem Operator. Die möglichen experimentellen Werte der Observablen „Impuls" sind die Eigenwerte des Impulsoperators. In einem geschlossenen System mit Translationssymmetrie, z. B. in einem Kristall, sind die Eigenwerte des Impulses Konstanten und heißen Bewegungskonstanten. Umgekehrt entspricht den konstanten Werten des Impulses eine Translationssymmetrie.

Die Eigenwerte des Impulses verhalten sich umgekehrt proportional zur Gitterkonstanten der Translation. Der Impulsoperator „erzeugt" die Translation. Konstante und „kleine" Impulseigenwerte korrespondieren eindeutig zu ihrerseits konstanten „großen" Gitterkonstanten (große Impulseigenwerte entsprechen kleinen Gitterkonstanten).

Information

Beseitigung von Ungewißheit oder von Informations-Entropie nach Brillouin, Informations-Entropie nach C. E. Shannon. Der Brillouinsche Informationsbegriff stimmt im wesentlichen mit dem Redundanzbegriff von Shannon überein (vgl. auch Informations-Entropie).

Informations-Entropie

Sie mißt die Ungewißheit, die der Auswahl von Symbolen eines Alphabets a priori inhärent ist. Bei gegebener Vorkommenswahrscheinlichkeit p_i eines alphabetischen Symbols ergibt sich für die Informations-Entropie S der Ausdruck

$$S = -\sum_i p_i \log_2 p_i.$$

Dazu ein Beispiel: In einem Alphabet aus nur zwei Buchstaben, die beide in einer Nachricht mit gleicher Wahrscheinlichkeit vorkommen (Vorkommenswahrscheinlichkeit $p_1 = p_2 = 1/2$), ist die Informations-Entropie

$$S = -\left(\frac{1}{2} \log_2 \frac{1}{2}\right) + \left(-\frac{1}{2} \log_2 \frac{1}{2}\right) = -\frac{1}{2}(-1) - \frac{1}{2}(-1) = 1$$

Diese Entropie wird in bit gemessen; im obigen Beispiel beträgt die Informations-Entropie 1 bit/Symbol: Der Stichprobe aus zwei gleichwahrscheinlichen Möglichkeiten – Kopf oder Zahl bei der Münze, rot oder schwarz beim Roulette – wird die Informations-Entropie von einem bit zugeordnet.

188

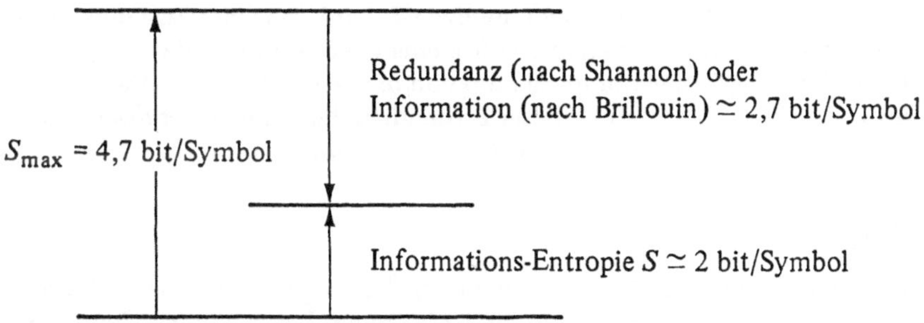

Bild 41

Wären im alltagssprachlichen Alphabet die sechsundzwanzig Buchstaben gleichwahrscheinlich (mit einer Wahrscheinlichkeit von $p_i = 1/26$), so erhielten wir eine Informations-Entropie

$$S_{max} = -\sum_{i=1}^{26} p_i \log_2 p_i = 26 \cdot \left(-\frac{1}{26} \log_2 \frac{1}{26}\right) = \log_2 26 = 4,6 \text{ bit/Symbol}.$$

In Wirklichkeit stellt man jedoch eine Informations-Entropie einer sprachlichen Mitteilung von ungefähr 2 bit/Symbol fest: Die Sprache besitzt im Sinne von Shannon ein Redundanz von etwa 2,7 bit/Symbol – eine Folge der syntaktischen Organisation der Sprache, Ausdruck von Überlieferung und Kultur (Bild 41).

Observable

Physikalische Größe, die der Messung zugänglich ist. Die Energie, der Impuls, der Drehimpuls eines Quantensystems sind Beispiele für Observable.

Operator, Energieoperator und Eigenwerte

Eine mathematische Vorschrift, die eine Funktion in eine andere Funktion transformiert.

In der Quantenmechanik gehört zu jeder Observablen ein Operator. So gehört z. B. der Energieoperator (Hamilton-Operator) zur Observablen Energie. Er transformiert jede Funktion der (Positions-, Impuls- usw.) Variablen, von denen der Zustand eines Quantensystems (ein Atom, ein Molekül, ein Kristall ...) abhängt, in eine *andere* Funktion. Wenn jedoch die Funktion, auf die der Energieoperator angewandt wird, mit einer Zustandsfunktion oder einer Eigenfunktion des Systems übereinstimmt, dann transformiert der Energieoperator diese Funktion *in sich selbst*, oder mathematisch ausgedrückt, in das Produkt dieser Zustandsfunktion und einer Konstanten namens Energieeigenwert der gegebenen Eigenfunktion.

Ordnung

Korrelation zwischen Struktureinheiten, das Gegenteil von Unordnung. Wird gemessen an der Verringerung der Entropie, d. h. an der Neg-Entropie.

Ordnungsparameter

In einem thermodynamischen System bestehend aus N materiellen Punkten gibt es $3N$ Freiheitsgrade, d. h. es gibt soviele Freiheitsgrade wie Auswahlmöglichkeiten hinsichtlich der drei Raumkoordinaten jedes der N materiellen Punkte existieren. Die Bewegung eines jeden der N materiellen Punkte zu beschreiben, war ohne Großrechner ein für Menschen unmögliches Unterfangen und ist auch heute noch schwierig, wenn N einige Tausend überschreitet, erweist sich im allgemeinen aber als überflüssig. Man pflegt daher auf makroskopische kollektive Variablen zurückzugreifen. In den jenseits einer bestimmten Schwelle des Kontrollparameters aus dem thermodynamischen Gleichgewicht gebrachten Systemen wird sich eine kritische Schwankung einer der obengenannten Variablen eher aufschaukeln, als daß sie zurückgehen würde. Sie „versklavt" dann schließlich das gesamte System und entwickelt sich zum alleinigen makroskopischen Freiheitsgrad, der wirklich signifikant und repräsentativ für die Struktur oder das Verhalten des Systems ist. Daraus erklärt sich die Bezeichnung „Ordnungsparameter". Man denke z. B. an die Amplitude des Grundwellentypus eines elektromagnetischen Feldes in einem Laser oder an die gleichmäßig gegliederte Intensität eines rhythmischen Applauses nach einem gelungenen Konzert.

Phasenübergang und dynamische Instabilität

Übergang eines Systems von einer Struktur, deren Elemente durch bestimmte geometrische und/oder dynamische Korrelationen gekennzeichnet sind, zu einer anderen Struktur mit anderen geometrischen und/oder dynamischen Korrelationen zwischen den Struktureinheiten.

Ein Phasenübergang ist von erster Ordnung, wenn sich die in Gleichgewicht befindlichen Strukturen am kritischen Punkt voneinander unterscheiden (man denke etwa an das System Eis/Wasser); sie ist von zweiter Ordnung, wenn die Strukturen übereinstimmen (etwa die Kupfer-Zink-Legierung, deren geordnete und ungeordnete Zustände am kritischen Punkt im Gleichgewicht übereinstimmen). Es gibt eine starke Analogie zwischen den Phasenübergängen zweiter Ordnung und einer großen Klasse von dynamischen Instabilitäten, bei denen der Ordnungsparameter, der aus der dissipativen Struktur hervorgeht, vom Wert Null an stetig wächst.

Kontrollparameter

Mißt den Abstand eines Systems vom kritischen Punkt eines Phasenübergangs oder von der Bifurkation, die einer dynamischen Instabilität vorangeht. Der Kontrollparameter kann sowohl Phasenübergängen (2. Ordnung) zwischen thermodynamischen Gleichgewichtszuständen eines Systems angehören, wie auch dynamischen Instabilitäten zwischen einem Gleichgewichtszustand und einer dissipativen Struktur oder zwischen einer Reihe von dissipativen Strukturen. Der Kontrollparameter läßt sich im allgemeinen als Differenz oder Verhältnis zwischen „Gewinn" und „Verlust" ausdrücken bzw. als Verhältnis zwischen einer von außen kommenden Destabilisierungswirkung und der dissipativen Reaktion des Systems, die dazu tendiert, letzteres im status quo zu erhalten. Wenn die destabilisierende Kraft die Oberhand gewinnt, verringert sich die einer der kollektiven Variablen angehörende kritische Schwankung nicht, sondern etabliert sich vielmehr als Ordnungsparameter, und das System organisiert sich selbst gemäß einer neuen Struktur. Zwei Beispiele für einen Kontrollparameter:
(1) der Temperaturabfall in einem paramagnetisch-ferromagnetischen Phasenübergang;
(2) der Temperaturunterschied ΔT zwischen den Flächen der Rayleigh-Bénard-Zelle im Zustand der dynamischen Instabilität, der zu den konvektiven Bewegung führt (vgl. dissipative Struktur).

Symmetrie und Symmetriebrechung

Aus dem griechischen συμ · μετρία; ursprünglich meinte man mit Symmetrie die Kommensurabilität von Elementen oder Einheiten einer Struktur: Nach dem Pythagoreischen Kanon muß man, um mit einem Streichinstrument die der Oktave bzw. Quinte oder Quarte der leeren Saite entsprechende Note hervorzubringen, die Saite in der Mitte d. h. auf der halben (1/2) Saitenlänge bzw. jeweils auf 2/3 oder 3/4 der Saitenlänge abgreifen. Diesen kommensurablen Längenverhältnissen, ausgedrückt in natürlichen Zahlen, entsprechen Tonhöhen, die sich der Tonhöhe der leeren Saite harmonisch anpassen. Symmetrie ist deshalb auch ein Synonym für Harmonie.

In der Wissenschaftssprache nennen wir eine Transformation Symmetrietransformation, wenn sie die Struktur unverändert läßt: Symmetrie ist Invarianz als Folge einer Transformation, ist die Unmöglichkeit, die von einer Transformation hervorgerufene Veränderung zu erkennen bzw. die für eine Struktur charakteristischer Größen zu messen oder wahrzunehmen. So definiert ist die Symmetrie der Entropie oder Ungewißheit verwandter als der Ordnung oder der Korrelation.

Eine Symmetriebrechung zieht die Einführung von Korrelationen, d. h. von Ordnung zwischen Struktureinheiten nach sich, die ursprünglich untereinander in einem unbestimmten Verhältnis standen. Die Symmetrie setzt die Nicht-Identifizierbarkeit von Transformationen voraus; die Symmetriebrechung impliziert das Wahrnehmen von Transformationen und ist demnach eine unmittelbare Folge der Erzeugung von Information.

In einer doppeldeutigen Figur z. B. folgt im Augenblick der Brechung der Paritätssymmetrie auf die unbestimmte, d. h. ausgeglichene, Beziehung zwischen rechts und links eine wahrnehmbare oder meßbare Differenzierung zwischen rechts und links (vgl. auch Doppeldeutigkeit): Sofort nach der Symmetriebrechung erhält man eine Information (nämlich entweder rechts oder links).

Synergetik

Von Haken geprägter Neologismus (aus dem griechischen συν · ἔργον, Kollaboration) zur Bezeichnung des Zusammenwirkens von Elementen einer Struktur, die sich unter Wirkung und jenseits einer kritischen Schwelle des Kontrollparameters in einer dissipativen Struktur selbstorganisieren, die von einer im Raum und/oder in der Zeit funktionalen Ordnung charakterisiert ist (vgl. Exkurs zum Kapitel „Einleitung").

Literaturverzeichnis

Agassi, J., „Art and Science", in *Scientia 114*, 128–140 (1979)

Agassi, E. (Hrsg.), *La simmetria* (memorie del seminario, Venezia, aprile 1970), Il Mulino, Bologna, 1973

Ageno, M., „L'instaurarsi spontaneo di un ordine in un sistema caotico", in *La Fisica nella Scuola XI*, Nr. 4, 157–177 (1978)

Arnheim, R., *Il pensiero visivo. La percezione come atto conoscitivo.* Einaudi, Torino 1974. Siehe auch: *Anschauliches Denken. Zur Einheit von Bild und Begriff*, DuMont, Köln 1972

Arnheim, R., *Entropia e arte. Saggio sul disordine e l'ordine*, Einaudi, Torino 1974. Siehe auch: *Kunst und Sehen. Eine Psychologie des schöpferischen Auges*, de Gruyter, Berlin 1978

Attneave, F., „Multistability in Perception", *Scientific American*, Dec. 1971, S. 62

Bach, J. S., Präludium aus der *Partita Nr. 3 für Violine solo* in E-dur, BWV 1006

Bach, J. S., *Die Kunst der Fuge*, BWV 1080

Beck, A. H. W., *Statistical Mechanics, Fluctuations and Noise*, Edward Arnold, London 1976

Beretta, G. P., *Punti di vista sul concetto di entropia*, Tesi Politecnico di Milano, Facoltà di Ingegneria, A.A. 1978–1979

Borsellino, A., De Marco, A., Allazetta, A., Rinesi, S., Bartolini, B., „Reversal Time Distribution in the Perception of Visual Ambiguous Stimuli", in *Kybernetics 10*, 139 (1972)

Borsellino, A., Carlini, F., De Marco, A., Penengo, P., Trabucco, A., Riani, M., Tuccio, M. T., „Stochastic Models and Fluctuations in Reversal Time of Ambiguous Figures", in *Perception 6*, 645 (1977)

Borsellino, A., Carlini, F., Riani, M., Tuccio, M. T., De Marco, A., Penengo, P., Trabucco, A., „Effects of Visual Angle on Perspectives Reversal for Ambiguous Patterns", in *Perception 11*, 263 (1982)

Bottani, C. E., Caglioti, G., Novellei, A., Ossi, P. M., Rossitto, F., Silva, G., „Il limite elastoplastico: realtà fisica e attuali criteri di qualificazione", in *La Metallurgia Italiana 7/8*, 530 (1982)

Brillouin, L., *Science and Information Theory*, Academic Press, New York 1956

Brillouin, L., *Scientific Uncertainty and Information*, Academic Press, New York 1964

Butler, J. P., Klug, A., „L'assemblaggio di un virus", *Le Scienze* 125, 24–31 (1979). Deutsche Ausgabe: *„Wie bildet sich ein Virus?"*, Spektrum der Wissenschaft, Januar 1979, S. 4

Caglioti, G., „Simmetria e ambiguità nella fisica e nelle arti figurative", in *Annuario dell'Enciclopedia della Scienza e della Tecnica*. Mondadori, Milano 1983

Caglioti, G., *Introduzione alla fisica dei materiali*, Zanichelli, Bologna 1974

Caglioti, G., Caianiello, E. R., „Ambiguity in Visual Communication: a Case Study", *III Symposium International Discoveries*, Paris, 23.–27. Oct. 1978

Caglioti, G., Caianiello, E. R., „A Model for Non-resolvable Ambiguities" in *Biol. Cybernetics 31*, 205 (1978)

Caianiello, E., „Some Remarks on Organization and Structure", in *Biol. Cybernetics 26*, 151 (1977)

Caianiello, E., di Giulio, E., *Introduzione alla cibernetica*, Le Monnier, Firenze 1980

Caillois, R., „Fecondità della dissimmetria", in Agazzi, loc. cit., S. 425

Calvino, I., *Una pietra sopra*, Einaudi, Torino 1980

D'Amore, B., „Segni, sistemi di segni e strutture", in F. Grignani, *Pitture, sperimentali e graphic design*, Comune di Reggio Emilia, Assessorato Istituzioni Culturali, Commissione Arti Figurative e Comunicazioni Visive, 1979.

Eco, U., Il nome della rosa, Bompiani, Milano 1980. Deutsche Taschenbuch-Ausgabe: Der Name der Rose, dtv, München 1986

Fast, J. D., *Entropy*, MacMillan, London 1970

Fermi, E., *Notes on Quantum Mechanics* (hrsg. von E. Segré), Phoenix Books, Chicago 1966

Fermi, E., *Thermodynamics* (1936), italienische Übersetzung: Termodinamica, Boringhieri, Torino, 1958.

Feynman, R. P., Leighton, R. B., Sands, M., *The Feynman Lectures on Physics*, vol. 3: *Quantum Mechanics*, Addison Wesley, Reading 1965. Deutsche Ausgabe: *Feynman Vorlesungen über Physik*, Bd. 3: *Quantenmechanik*, Oldenbourg, München 1988

Fröhlich, F., „The Linguistic Structure of the Chromosome Genetic Code and Language", in *Synergetics. A Workshop* (hrsg. von H. Haken), Springer, Berlin 1977

Gabor, D., Colombo, U., *Oltre l'età dello spreco*, Quarto Rapporto al Club di Roma, Mondadori, Milano 1976. Deutsche Ausgabe: *Das Ende der Verschwendung. Zur materiellen Lage der Menschheit. Ein Tatsachenbericht aus dem Club of Rome*. Deutsche Verlags-Anstalt, Stuttgart 1976

Gagliardo, E., Fornasari, P., „Composizione di musica classica mediante elaboratore elettronico", *Quaderni di Informatica 10*, 28–31 (1978)

Gatlin, L. L., *Information Theory and the Living System*, Columbia University Press, New York 1972

Glansdorff, P., „Evolution de la notion d'ordre et d'organisation en physique", in *La Pensée, Revue du Rationalisme moderne, Arts, sciences, philosophie 195*, 43–62 (1977)

Glansdorff, P., Prigogine, I., *Thermodynamic Theory of Structure, Stability and Fluctuations*, Wiley-Interscience, London 1971

Grignani, F., *Una metodologia della visione*, Comune di Milano, Ripartizione Cultura, 1975

Haken, H. (Hrsg.), *Synergetics*, Proceedings of a Symposium on Synergetics Teubner, Stuttgart 1973

Haken, H. (Hrsg.), *Cooperative Effects*, Progress in Synergetics, North Holland, Amsterdam 1974

Haken, H. (Hrsg.), *Synergetics – A Workshop*, Springer, Berlin 1977

Haken, H., *Synergetics, An Introduction. Non-equilibrium Phase Transition and Self-organization in Physics, Chemistry and Biology*, 2. Aufl., Springer, Berlin 1978

Haken, H., *Pattern Formation by Dynamic Systems and Pattern Recognition*, Springer, Berlin 1979

Haken, H., *Erfolgsgeheimnisse der Natur. Synergetik: die Lehre vom Zusammenwirken*, Deutsche Verlags-Anstalt, Stuttgart 1981.

Haken, H. (Hrsg.), *Evolution of Order and Chaos in Physics, Chemistry, and Biology*, Springer, Berlin 1982

Haken, H., *Advanced Synergetics, Instability Hierarchies of Self-organizing Systems and Devices*. Springer, Berlin 1983

Heine, V., *Group Theory in Quantum Mechanics*, Pergamon Press, Oxford 1960

Helmcke, L. G., „Simmetria e ritmo nella natura vivente e nel pensiero umano", in Agazzi, loc. cit., S. 273

Herzberg, G., *Molecular Spectra and Molecular Structure, I – Spectra of Diatomic Molecules*, Van Nostrand Reinhold Co., New York 1950

Koschmider, E. L., *Adv. Chem. Phys. 26*, 177 (1974)

Landau, L. D., Lifshitz, E.M., *Physique Statistique*, MIR, Moskau 1967

Lee, D. T. „Symmetry Principles in Physics" in *Evolution of Particle Physics*, a volume dedicated to Edoardo Amaldi in his sixtieth birthday, (hrsg. von M. Conversi), Academic Press and Periodici Scientifici, Milano 1968

Lehninger, A. L., *Bioenergetics, The Molecular Basis of Biological Energy Trans-formations,* 2nd ed., Enjamin, Menlo Park 1971. Deutsche Ausgabe: Bioenergetik. Molekulare Grundlagen der biologischen Energieumwandlungen, Thieme, Stuttgart 1982

Lotka, A. J., *Elements of Mathematical Biology, A Classic Work on the Application of Mathematical Aspects of the Biological and Social Sciences,* Dover, New York 1956

Mathieu, V., „La simmetria in metafisica", in Agazzi, loc. cit.

Monod, J., *Il caso e la necessità,* Mondadori, Milano 1970. Deutsche Ausgabe: Zufall und Notwendigkeit. Philosophische Fragen der modernen Biologie, dtv, München 1975

Montale, E., *Sulla Poesia,* Mondadori, Milano 1976

Morrison, P., *Sulle simmetrie infrante,* in Judith Wechsler (Hrsg.), *On Aestetics in Science,* MIT, 1978

Moser, H. von, „Messung der wahren spezifischen Wärme von Silber, Nickel, β-Messing, Quarzkristall und Quarzglas zwischen + 50 und 700 °C nach einer verfeinerten Methode", *Physik. Z. 37,* 21 (1936)

Munari, B., *Design e comunicazione visiva. Contributo a una metodologia didattica,* Laterza, Bari 1970

Nicolis, G., Prigogine, I., *Self Organization in Non-equilibrium Systems,* Wiley, New York 1977

Pacault, A., Vidal, C. (Hrsg.), *Synergetics, Far from Equilibrium,* Springer, Berlin 1979

Pantell, R. H., Puthoff, H.E., *Fundamentals of Quantum Electronics,* Wiley, New York 1969

Prigogine, I., *La nuova alleanza: uomo e natura in una scienza unificata,* Longanesi, Milano 1979

Prigogine, I., Stengers, I., „La Nouvelle Alliance", in *Scientia 112,* 287–332 und 617–653 (1977). Siehe auch: *Dialog mit der Natur. Neue Wege naturwissenschaftlichen Denkens,* Piper, München 1981

Prueitt, Melvin, L., *Computer Graphics,* Dover, New York 1975

Radicati di Brozolo, L. A., „Simmetrie e invarianze", in *Enciclopedia del Novecento,* Istituto dell'Enciclopedia Italiana, Vol. V, Roma 1982

Regge, T., *Cronache dell'universo,* Boringhieri, Torino 1981

Schrödinger, E., *What is the life? The Physical Aspects of the Living Cell* (1943). Deutsche Ausgabe: *Was ist Leben? Die lebende Zelle mit den Augen des Physikers betrachtet,* Piper, München 1987

Segre, C., *Semiotica filologica. Testo e Modelli culturali,* Einaudi, Torino 1979

Seneca, L. A., *Lettere a Lucilio,* Libro I. Lettera I, Rizoli, Milano 1966. Lateinische Ausgabe: Ad Lucilium Epistulae morales, Aschendorff, Münster 1985

Shannon, C. E., Weaver, W., *The Mathematical Theory of Communication*, University of Illinois Press 1949

Shannon, E. E., von Neumann, J., in *Bell Sytem Technical Journal*, July and October 1948

Shubnikov, A. V., Koptsik, V.A., *Symmetry in Science and Art*, Plenum Press, New York 1974

Silvestri, M., „Aspetti fisico-matematici della tassazione progressiva sul reddito", Relazione presentata al XXXI Congresso dell'Associazione Termotecnica Italiana, Pavia, 1976, in *La Termotecnica 31*, 572 (1977)

Simmetrie, Atti del Simposio, Quaderno n. 136 dell'Accademia Nazionale dei Lincei, Roma 1970

Thom, R., *Stabilité Structurale et Morphogénèse*, Benjamin, Reading, Mass., 1972

Velarde, M. G., Normand, C., „La convezione" in *Le Scienze 145*, 69–85 (1980). Deutsche Ausgabe: „Konvektion", in *Spektrum der Wissenschaft*, September 1980, S. 118

Venkataraman, G., „Fluctuations and Mechanical Relaxation", in *Trans. of the Indian Inst. of Metals 32 (6)*, 1979

Weyl, H., *La Simmetria*, Feltrinelli, Milano 1962. Deutsche Ausgabe: Symmetrie, Birkhäuser, Basel 1981

Wittgenstein, L., *Tractatus logico-philosophicus*, (1964). Italienische Ausgabe: Einaudi, Torino 1972. Deutsche Ausgabe: Suhrkamp, Frankfurt 1970

Zorzoli, G.B., *Vivere con il sole, prospettive e limiti delle nuove fonti di energia*, Bompiani, Milano 1978

Anhang
Farbreproduktionen

Ausschnitt aus van Gogh, L'église d'Auvers.

Tafel II V. van Gogh, L'église d'Auvers, 1890 (Musée de l'impressionisme, Paris).

Tafel VIII Piero della Francesca, la Flagellazione (Palazzo Ducale, Urbino; mit freundlicher Genehmigung der Soprintendenza per i Beni Artistici e Storici delle Marche, Galleria Nazionale delle Marche, Urbino).